原來如此／

有趣的臺灣動物小學園 1

開學季

作者序

這是一本關於臺灣野生動物的漫畫。

野生動物是什麼呢？把寵物放到野外，牠會變成野生動物嗎？其實野生動物指的是那些原本就住在臺灣的原生動物，牠們可能從很久以前就來到臺灣定居，也可能是為了要繁殖或過冬，從遠方旅行到臺灣。

無論如何，牠們必然是依靠自己的力量移棲到臺灣，牠們不受人類飼養，棲息在自然環境中。我們所熟悉的麻雀、臺灣獼猴等生物，便屬於野生動物。這樣的生物擁有自由的靈魂，大自然是牠們的家，因此也不適合被人類當作寵物飼養。

喜歡動物的我，從小先透過電視、書籍認識國外的野生動物，諸如獅子、老虎、大象，牠們簡直是野生動物之中的大明星，無人不知、無人不曉。但是，關於臺灣的野生動物，我卻到了大學才逐漸認識。仔細一想，我們對臺灣的野生動物有足夠認識嗎？

其實，我們不用把野生動物想像得很遙遠，像我這樣的一般人，也能從日常生活中去照顧這些野生動物，不管是少用塑膠、多留一塊綠地、還是支持友善農產品，都是默默守護野生動物的方式。我想，唯有大家一起認識與關心，才會有更多力量參與響應吧！

在臺灣這塊土地上，有一些默默為野生動物付出的第一線人員，諸如研究人員以及救傷人員，他們運用專業知識持續援助野生動物，我的力量實在遠遠不及，我只能用自己擅長的方式，為野生動物盡一份綿薄心力。

正因如此，我想透過擬人化，讓多數人不熟悉的野生動物擔任主角，由牠們演出校園小故事。畫這本書的用意只是想讓更多人發現野生動物的美好，希望有人看了這本書會說：「哇！原來臺灣有這些野生動物！」

老實說，有了這個構想以後，我還不是很有自信，有些野生動物的資料不多，要畫出牠們的日常故事仍有一些尷尬與困難，因此在創作過程中，我還是一邊查資料，才逐漸建構起這個小宇宙。查資料之外，我也努力構思故事、配置頁數、設計對白與分鏡，最後描線、上色。這些畫漫畫所需的基本工作，對我一個技藝尚不成熟的人來說，獨立完成是一件冗長又辛苦的工作。一年之後，我的第一本自創書終於誕生了，經過這次，我又更加尊敬那些週更、月更的漫畫家。

相對於更容易接觸到的貓狗寵物，野生動物也許讓人感到比較陌生，這種疏離感，使得野生動物在遭遇困境的時候，比較少人關注相關議題。我們很難想像野生動物每天都遭受著棲地破壞、路殺、窗殺等眾多困境……有時候，牠們甚至會被人養的寵物咬死。

其實，我相信有好多情況都不是人們故意的，如果我們能多認識、多留心，或許就能減少人為干擾，讓野生動物過上幸福快樂的生活。

這一本野生動物漫畫書，獻給喜歡動物的你，希望這個小宇宙能給人帶來一點療癒感和小知識。看完以後，就讓我們一同攜手守護野生動物吧！

林大利

特有生物研究保育中心助理研究員
澳洲昆士蘭大學生物科學系博士生

玉子的臺灣自然生態漫畫出版了，這是全世界讀者的福氣，也是全臺灣人的光榮。你可以很幸福的擁有這本書，也可以很自豪的讓更多人知道臺灣有這麼一本書，是認識臺灣自然環境和野生動植物的任意門。

在「自然生態圈」的同溫層裡面，我們常常有一個遺憾，就是大部分的人不認識臺灣本土、甚至生活周遭的野生動物和植物，但是卻對獅子、大象、長頸鹿等臺灣沒有的野生動物如數家珍。同時，市面上琳瑯滿目的翻譯書籍，也都很少提及臺灣的生物和環境。因此，我們不斷嘗試用各種方式，科普、漫畫、繪本等等，讓大家認識臺灣的美麗大自然。但是，常常效果有限，突破同溫層仍舊是很大的挑戰。

這個艱難的任務，玉子做到了！

玉子是優秀的作家和插畫家。從我認識她開始，玉子總是能把圖畫得又快又好，並且按時甚至提早交稿，讓我每一次的委託都非常放心。玉子遇到沒畫過的生物，總是能先充分練習，最後完成栩栩如生的作品；即便是細菌病毒，也能拿捏得非常到位。

我雖然不是漫畫家，但我家曾經是營業十八年的漫畫店，因而閱讀過各式各樣的漫畫。從玉子的漫畫作品，我清楚看到玉子無論在分鏡、構圖、上色和創意，都有十足的進步與成長。例如以前玉子不擅長畫機械和建築，但這本書確實改進了這一點。玉子的新作品，總是有突破自我的表現。

文字又是另外一個挑戰，優秀的文稿同樣需要長久持續的磨練。但玉子也不馬虎，粉絲專頁「玉子日記」的短文，總是能讓大家配著圖畫輕鬆愉快的讀完。而且，玉子在遣詞用字、笑點埋藏深度、撥雲見日的新梗，都能拿捏得恰到好處，創造普遍級的歡樂元素。最後讓自己的作品呈現老少咸宜、輕鬆有趣的可愛知識圖文。

玉子小精靈帶著她的臺灣野生動物朋友，透過這本別出心裁、自我精進的新書，向大家熱情的打招呼，這是我們期盼已久的正港臺灣原生製作，也是臺灣溫暖實力的展現。對於這本新書，我林大利只有毫無保留的大力推薦，只要少少的新臺幣，你就能為臺灣的成長獻上一份祝福，並且帶回一本滿滿的知識與萌萌的臺灣角落生物。

林思民

國立臺灣師範大學生命科學系 優聘教授
臺灣猛禽研究會 理事長

玉子很低調，但是看她的圖，感覺很溫暖。小鳥與小哺乳動物身上的溫度，好像能透過那些活靈活現的畫面，傳達到每一個讀者的心中。

玉子的活動範圍曾經在臺師大的公館校區，跟我所在的研究室隔著兩棟樓，但是我很少看到她的本尊；即便走在路上，如果她沒有主動打招呼，我可能也認不太出來。在臺灣，隨著保育意識的抬頭，我們逐漸建構起一個野生動物的友善空間，也開始有越來越多的野生動物搬遷到城市的綠地和校園，秘密建立起牠們自己的「動物方城市」。這些隱匿的小動物就像玉子的個性，害羞而不張揚，唯有具備慧眼的人才能辨識出她！

認識玉子的過程有點曲折離奇。有賞鳥的朋友公布了一段短片，裡面有隻牛背鷺正在攝食一隻草蜥。大家都好奇那位苦主的本尊，於是影片就輾轉傳給我鑑定。巧的是，當時我們正在研究牛背鷺攝食草蜥的行為，那段影片於是就成為一筆非常重要的科學證據，也刊登在期刊的網站上。在交換檔案的過程中，我才知道拍攝影片的妹妹竟然是這位粉絲很多的圖文畫家，也就是鼎鼎大名的野生玉子。

誠如玉子自己的序裡面所提到的，小時候我們閱讀的繪本，雖然提供了足夠的知識，但是其中的小動物、小植物都不是本地的物種。像我這樣在城市中長大的孩子，即使看了很多

的書，仍然對臺灣的鄉土環境完全不了解。直到 1990 年代，臺灣的保育觀念開始萌芽；到了 2000 年之後，各類群的圖鑑開始普及（早年幾乎只有鳥類和蝶類可用），我們才終於有機會將周遭的物種深植於孩童的教材之中。

進行這樣的圖文創作並不容易。首先必須要了解各個物種的習性，再將牠們擬人化，塑造一個大家都喜歡、但是又符合生物學特性的人格特質。這些都需要廣泛的野外觀察和學識累積，我們也從此書之中處處可見玉子的用心。其實這也是國際上共同的趨勢：無論是《動物方城市》、《馬達加斯加》、甚至是描述滅絕物種的《冰原歷險記》，裡面的角色都是用真實的物種改造而成，讓孩子從歡樂中學習到正確的動物知識。

玉子運用她豐富的想像力，加上奇幻的生花妙筆，塑造了屬於臺灣自己的「動物方城市」。看完這本之後，我幾乎迫不急待想看見小動物們下一個學期的學習課程：牠們還會經歷什麼樣的旅程？會碰到什麼新的夥伴和動物？尤其是繪本中跨物種的可愛戀情，將會如何發展下去？（碰到愛情，就不用管它科不科學了吧！）

看完玉子的漫畫之後，我也開始想：她自己最像書中的哪一個人物？我猜想是麝香貓，不知道各位讀者覺得呢？

林美吟

台灣獼猴共存推廣協會 秘書長

我會開始關注「玉子日記」facebook 粉絲團，起因於 2015 年時，玉子創作了一篇〈蛇類悲歌〉的圖文。當時，玉子的文字寫道：「我懂遇見蛇對許多人而言是恐懼，是擔心家人被咬到。因為大家對牠的不瞭解，常會看到有人打死溫馴的無毒蛇類。也不是說有毒就該殺死，蛇比我們更加更加害怕。」這段文字真的讓我非常有共鳴，臺灣獼猴或臺灣其他的野生動物，不也是因為人們的刻板印象、誤解，導致了恐懼及不洽當的應對方式？

許多害怕是來自於不瞭解，無知造成恐懼。多一分瞭解，就少一分傷害。

我想，玉子的創作跟我們台灣獼猴共存推廣協會一直以來努力推廣的「理解」、「共存」目標一致，讓大家可以多一點理解，學習與野生動物共存。

所以，從那天起我就默默成為「玉子日記」的小粉絲了。沒想到——我追蹤的創作者竟然來邀我寫推薦序，一時讓在下我小鹿亂撞、手足無措（推薦序這樣寫可以嗎？），確認了好幾次是不是傳錯人，也想破了頭，不知道該用什麼超厲害的形容來推薦這本書。

雖然我與玉子素未謀面，但是從她的圖文創作可以發現她對野生動物知識推廣的用心跟熱情，希望透過創作，去澄清大眾對野生動物的誤解。

我小時候最愛看的書就是漫畫，課文都記不住，漫畫裡的情節倒是記得鉅細靡遺，所以很高興能看到有創作者用漫畫的形式，去介紹野生動物的世界。

擬人化的描述更容易讓讀者有共鳴，玉子的呈現方式讓這些知識不再是冷冰冰、艱澀難懂的「課文」，能夠更貼近野生動物的實際生活，輕鬆活潑的圖文也容易讓人產生共鳴進而理解。

《噢！原來如此 有趣的臺灣動物小學園》適合親子共讀、小朋友自學，也適合大朋友們一起閱讀，增加關於臺灣野生動物的小知識！

曾文宣

臺灣師範大學生命科學所生態演化組碩士
泛科學、國語日報專欄作家

非洲大草原上追逐羚羊的獵豹、北美氣勢磅礴的野牛成群遷徙、南極洲中心的皇帝企鵝爸爸們正一邊挨餓一邊守著寶貝蛋，這些經典的野性世界影像，透過電視機的畫面深植於一般大眾心中。然而，回頭想想，我們可曾認識同樣居住在臺灣的美麗住民呢？行道樹上的鳥兒、角落織起細網的蜘蛛、夜裡傳來的陣陣蛙鳴，大家都知道是什麼物種嗎？有機會深入山林，除了松鼠、山羌與獼猴之外，可有巧遇過帝雉、白鼻心與食蟹獴？這些同樣在大自然裡掙扎求存的野地嬌客，其實距離我們不遠，卻很少躍見於螢光幕前。

在玉子生動細膩的筆觸之下，我們可以追隨野生動物師生的步伐（連不同動物的趾頭數量、形狀和腳印都寫實呈現），從相見歡、班親會、再到戶外教學，一同見證寶島臺灣得天獨厚的豐富生態條件。

在漫畫輕快活潑的劇情裡，從孩子的角度出發，認識各式各樣的本土動物同學、老師以及行政人員。個性膽怯的穿山甲校長、獨當一面且謹慎的野山羊老師、很強勢的藍鵲同學、調皮搗蛋的獼猴同學，這些鮮明的角色設定，也相當符合野生動物原有的習性。能夠在擬人化的故事背景上，還原生物學上的動物行為描述，可謂一絕。我總忍不住留意每個分鏡裡不同動物的表情和動作，可愛又有趣！

在故事的設定上，與本書主角臺灣野山羊同樣身為新手老師的我，對於野山羊老師的教學理念特別有共鳴。班上每一位孩子都是獨一無二的個體，自然界也同樣棲息著形形色色的不同動物物種。因材施教、尊重多元、包容差異、消弭敵視，讓班上每位學生展現最真實的自己，才是一名教師應該授予班級的風氣——擁抱如此美麗的生物多樣性，學習成為獨當一面的野生動物，讓每位孩子都能在各自的領域上發光發熱，活出更精彩耀人的自己。

鄭錫奇

特有生物研究保育中心研究員兼主任秘書
國立臺灣大學生態學與演化生物學研究所博士

藉由漫畫來介紹野生動物，沒想到會激發出如此令人賞心悅目的效果。這一本《噢！原來如此 有趣的臺灣動物小學園》當我第一次展頁閱讀時，就讓我愛不釋手，讓我這個一輩子研究哺乳類野生動物的人也忍不住想先睹為快，而且，有一種想要「一直看下去、一口氣將它讀完」的感覺。

書中內容透過素雅的畫風與清晰的文筆，娓娓敘述各種臺灣野生動物有趣的生態行為，包括了〈小學園的開學日〉、〈小學園的營養午餐〉、〈小學園的父母〉、〈小學園的歌唱比賽〉、〈同學來溪邊玩吧〉、〈小動物的戀愛〉、〈小學園的戶外教學〉、〈小學園的教師節〉等，乍看每個單元各自有獨立的主題，但其實前後呼應，將這一群活潑可愛的小學生（小動物）生活習性介紹給讀者。

其中穿插了「玉子的悄悄話」，以小複習的方式深入淺出補充保育知識，以及詳實描述了書中重要動物角色的俗稱、外形特徵、食性、棲息地、知識、習性、體長體重及分類地位等豐富而正確的資訊。可以想見作者不僅畫工了得，對於臺灣許多野生動物的物種與生態知識也是做足了功課，而且不僅是野生動物，就連植物樹木、棲地環境也不遑多讓喔！

我認為這是一本雅俗共賞、親子皆宜的佳作，值得推薦給喜愛大自然、熱愛臺灣野生動植物的讀者，也誠摯推薦給重視小孩自然教育的父母。我相信，透過書中一篇篇述說野生動物的精彩故事，讀者絕對可以瞭解許多臺灣重要野生動物的生態，寓教於樂的同時，也能得到很多關於野生動物的知識和正確的保育觀念。

小朋友看到這一本書，一定也會喜歡書中一個個鮮活又樸實的小動物角色，感同身受去體會牠們之間的互動與交誼，融入牠們生活上的點點滴滴，並逐漸喜歡上這些與我們人類同島一命、彼此關聯的小動物們。

目錄

Content

第九話

小學園的教師節

下回預告

明星班的進擊！認識臺灣的超人氣野小孩

明星班的同學們看起來好像都很厲害，既可愛又帥氣！黑熊老師是歷任帶班成績最好的老師，石虎則是有名的校花；班級之間產生了很強烈的競爭感，明星班與主角班之間也發生了許多「愛恨情仇」……

本書閱讀方式

漫畫內頁

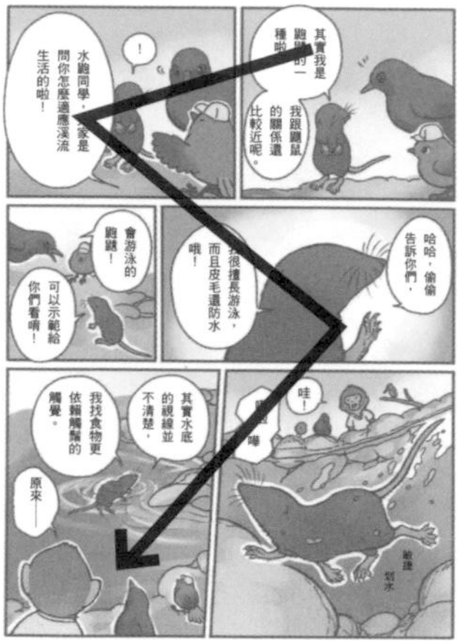

閱讀方向由右至左，由上至下。

章節標題頁

章節數、章節名稱。

玉子的悄悄話

交代本章節小知識，或者進行複習。

動物小檔案

中文名稱
拉丁學名
俗名
特徵
食性
棲地
習性
體型

生物分類

列出小動物角色的資訊。

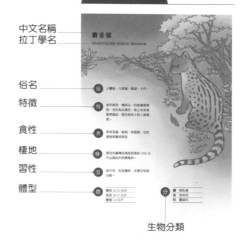

z
z
z

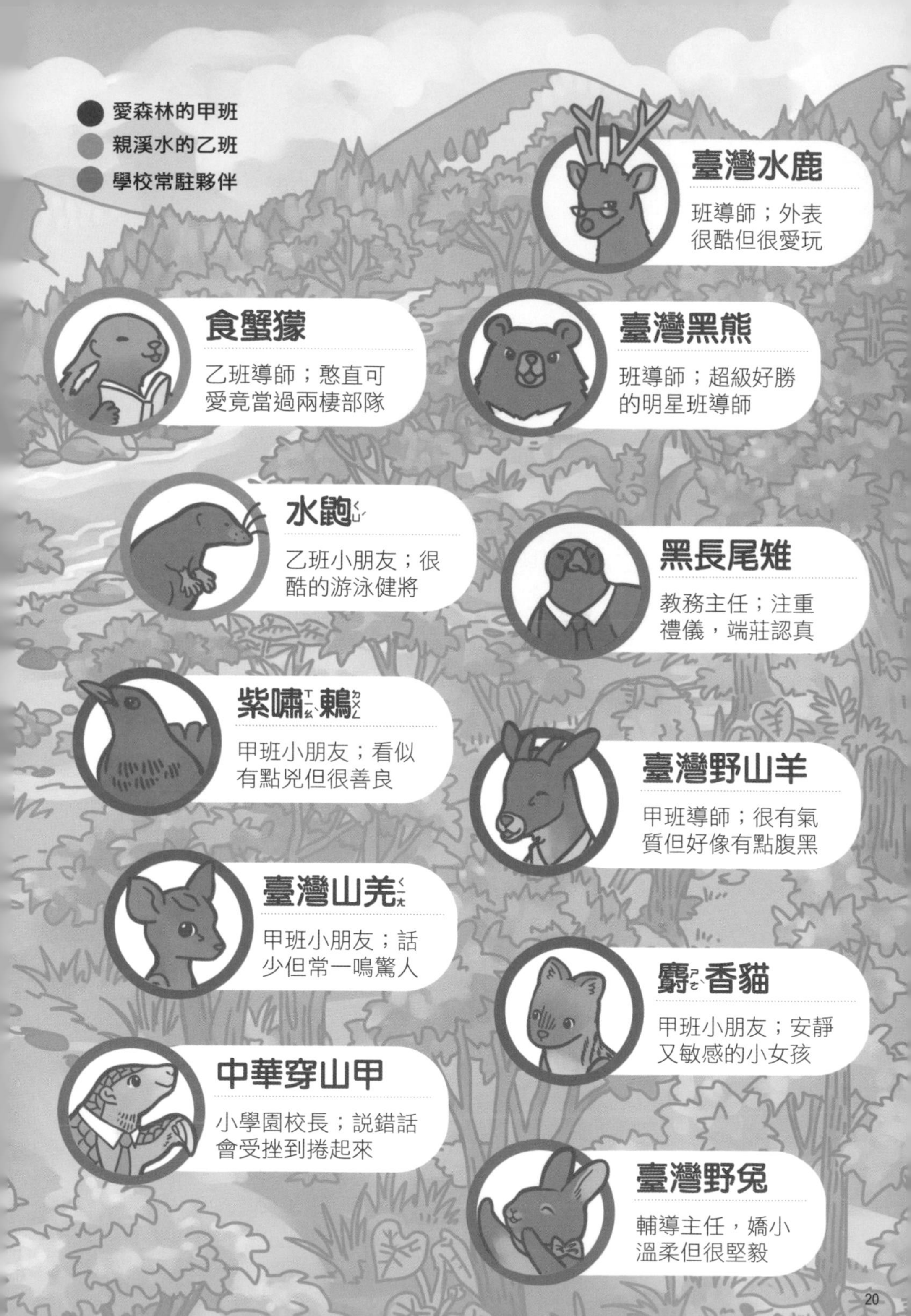
愛森林的甲班
親溪水的乙班
學校常駐夥伴
臺灣水鹿
班導師；外表很酷但很愛玩
食蟹獴
乙班導師；憨直可愛竟當過兩棲部隊
臺灣黑熊
班導師；超級好勝的明星班導師
水鼩(ㄑㄩˊ)
乙班小朋友；很酷的游泳健將
黑長尾雉
教務主任；注重禮儀，端莊認真
紫嘯(ㄒㄧㄠˋ)鶇(ㄉㄨㄥ)
甲班小朋友；看似有點兇但很善良
臺灣野山羊
甲班導師；很有氣質但好像有點腹黑
臺灣山羌(ㄑㄧㄤ)
甲班小朋友；話少但常一鳴驚人
麝(ㄕㄜˋ)香貓
甲班小朋友；安靜又敏感的小女孩
中華穿山甲
小學園校長；說錯話會受挫到捲起來
臺灣野兔
輔導主任，嬌小溫柔但很堅毅

主要角色介紹

牠們有的喜歡偏遠的深山、有的偏愛有農園的淺山，其他更愛溪流濕地。無論如何，小動物們都有一個心愛的家。

黃魚鴞

乙班小朋友；班上的大個子

鉛色水鶇

乙班小朋友；興趣是擺動尾羽

翠鳥

乙班小朋友；最擅長跳水抓魚了

夜鷺

乙班小朋友；老是宅在河邊忘記上學

歐亞水獺

乙班小朋友；活潑的純情男孩

臺灣藍鵲

甲班小朋友；兇巴巴的常嗆人

臺灣獼猴

甲班小朋友；很敬仰老師的小搗蛋鬼

臺灣野豬

甲班小朋友；什麼都想用鼻子頂撞的好奇寶寶

大卷尾

警衛伯伯；不管看誰都覺得可疑

錢鼠

總務主任；大家覺得給他管錢學校會發財

動物師範學校
什麼！
你說的是真的嗎？羊羊！
你居然考上小動物老師了！
哈哈
我自己也很意外……
你這傢伙
!?
恭喜你啊！
哇

豬豬，你快把我中午吃的咬人貓擠出來了……
我好捨不得啊！
這樣你不就要離開我們去工作了嗎！
哈哈
以後就要叫你羊羊老師了耶！
所以羊羊要帶什麼班？
哈哈
羊羊脾氣太好，要小心別被小朋友欺負！
太誇張啦
嘿嘿
你們說……
我真的準備好了嗎？

我能夠……
勝任一隻優秀的動物老師嗎？
…
羊羊沒有問題的啦！
羊羊很擅長因材施教喔！
可是我經驗少，
每一隻小動物的需求都天差地遠！
其他老師吃過的鹽巴可能比我吃的山黃麻還多。
什麼！你吃超級多山黃麻的耶！
而且羊羊很常去岩壁上舔鹽巴，所以鹽巴不會少吃的啦！
哈，總之我們都相信你啦！
欸！怎麼會被你看到？

羊羊儘管放蹄一搏，去做心目中的好老師。如果需要我們……
隨時都可以回來找我們聊天喔！
朋友們的鼓勵讓我安心不少。
於是，
我漸漸開始期待當老師的生活。
是哪些孩子會就讀小學園呢？
牠們都來自什麼棲地？
跟我的習性類似嗎？
每一隻小動物都是獨特的，
我願意把我的心交給你們，
用我的老師生涯來了解你們——

然後，成為一名
因材施教的老師。
孩子們！
你們想在生態裡扮演什麼角色呢？
無論你們想傳播種子創造森林，還是分解便便讓營養循環——
老師都會全力以赴，成就你們的夢想！
滿懷熱情的羊羊老師，期待開學日的到來！

臺灣野山羊

Capricornis swinhoei

俗 臺灣長鬃山羊、臺灣鬣羚。

特 喉嚨為淺黃褐色；公母都有角，角中空而且終生不會脫落。

食 山黃麻、玉山圓柏、臺灣冷杉、臺灣鐵杉、玉山小檗、過溝菜蕨、咬人貓等多種植物，都是臺灣野山羊的美食。

棲 低中高海拔都有分布，喜歡針葉林、闊葉林、森林草原交界處，以及善於在裸露的岩石地表活動。

習 擅長攀爬陡坡。會以眼下的腺體塗抹樹木和岩石，作為領域的記號。會舔食岩壁上的結晶礦物以攝取鹽分。

體

體長	80 - 114 公分
尾長	6 - 7 公分
體重	25 公斤左右

分

綱	哺乳綱
目	鯨偶蹄目
科	牛科

1 小學園的開學日

啊，想必你就是羊羊老師吧？
是的！您好。
我是獴獴老師，剛好在你隔壁班。一起過去吧！
難得一起帶中年級，有疑問請別客氣，儘管問。
真是太感謝你了。
嗯？
……
猴
桑

獴獴老師好——
猴吉！！
你怎麼在窗戶上面塗鴉呢？
再說……
「桑」是誰的綽號啦？
小葉桑好吃，我喜歡吃——
原來是指食物啊！
先這樣！我要去爬樹了！
等一下！你要把塗鴉擦掉啊！

唉
猴吉從以前就特別好動又愛玩。
哈哈，這是小猴子發展重要的一環嘛！
新手都這麼說，萬一給你帶到就知道了，呼呼——
……
教室到了。有空帶你去附近的河邊玩！
嗯嗯！謝謝你，獴獴老師。
甲班
就是這裡了吧——
我即將跟班上的小天使們見面了！

各位同學早——
安……
你好討厭！
你才討厭咧！
唧——
老師，藍藍用爪子抓我啦——
臺灣野豬
小山
是小山先撞我桌子的！
臺灣藍鵲
藍藍
老師，我的腳踏車生鏽了！
臺灣紫嘯鶇
小紫
臺灣山羌
小羌
瑟瑟發抖
麝香貓
小香
咦？

甲班
全部坐下！
大家早安。
臺灣野山羊
我是你們的班導師，臺灣野山羊
你們可以叫我羊羊老師。
臺灣野山羊
癢癢老師！
哈哈哈哈哈
忽略
那我先來點名，認識大家。

臺灣山羌小羌。
汪！
舉蹄
麝香貓小香。
舉掌
有
臺灣野豬小山。
在！
臺灣藍鵲藍藍。
嘎鏘！
紫嘯鶇小紫。
唧——
好，
以上應該就是所有同學了……
嗯？
物種 姓名
山羌 小羌
麝香貓 小香
野豬 小山
藍鵲 藍藍
鶇 小紫
猴吉
猴吉
欸！？

仔細看確實有一個空位，
那孩子跑哪去了？
颯颯
耶呼——
還是爬樹比較好玩啦！
哼，
我家可是有一百公頃的地，跑跳都很自在。
只能坐在小教室裡上課實在太無聊了！

猴吉
你迷路了是不是？
教室不在那邊喔！
老師你不要管我，我想爬樹——
喀喀喀
……
那你知道現在是什麼時間嗎？
什麼時間？
上課時間！
我不要——
喀喀
喀喀

老師你只會在地上走，根本不懂我對爬樹的需要！
……
原來猴吉是這樣想的啊……
哼
老師跟你說個秘密。
我們臺灣野山羊啊——
天下第一輕功
雖然不常這麼做，但真要爬還是能上樹的喔！
噫噫噫噫

……
開學日就是要一起搬課本啦。
嘿咻
要小聲喔，隔壁班在上課。
猴吉居然這麼配合搬書——
羊羊老師，你那麼會爬樹，祕訣是什麼？

老師可以爬樹，小羌也可以嗎？
哈啾
這個嘛
我們能在大自然生存下來，必定都有各自的本事。
而這些本事，往往都藏在身體的細節裡。
如果你們觀察夠仔細，
你會發現老師的蹄向兩側分開。
真的耶！

不一樣！
老師的蹄，
有助於抓穩裸露的地表。
飛簷走壁都不是問題，爬樹當然也很輕鬆。
哇嗚
老師！
那我也可以長蹄嗎？
不行。
欸——

這是老師的能力，你們帶不走。
但相對的，你們也會透過學習，找到自己特別的能力。
怎麼樣，聽完是否很想上課了？
咦？
今天是個不錯的開始，我對未來有很好的預感。
往後一定可以跟著這些孩子們一起成長。

臺灣獼猴

Macaca cyclopis

俗 臺灣獼猴。

特 獼猴的髮根為白色、中段灰色，而尾端是金色的。肚子則是灰白色。臉盤沒有毛。

食 鱗翅目幼蟲、白蟻、300 多種植物的嫩葉、果實和種子。

棲 生活於低到高海拔的森林；在針葉林、闊葉林、混合林和果園等都可能遇見。

習 日行性；母系社會，社會組成為多雌多雄，但是會以一隻公猴為核心成群活動。

體

體長	36 - 65 公分
尾長	26 - 46 公分
體重	5 - 12 公斤

分

綱	哺乳綱
目	靈長目
科	獼猴科

玉子的悄悄話

棲地與小動物的腳掌秘密

1

獴獴老師是棲息在野溪周邊的生物，所以熱情邀請羊羊老師一起去河邊玩。

2

大家的腳長得都不太一樣，所以在野外看到腳印的時候，是初步辨識小動物的線索喔！

3

完全野生、未經過干擾的臺灣獼猴，一年的活動範圍高達 100 公頃，真是猴腮雷啊！

2 小學園的營養午餐

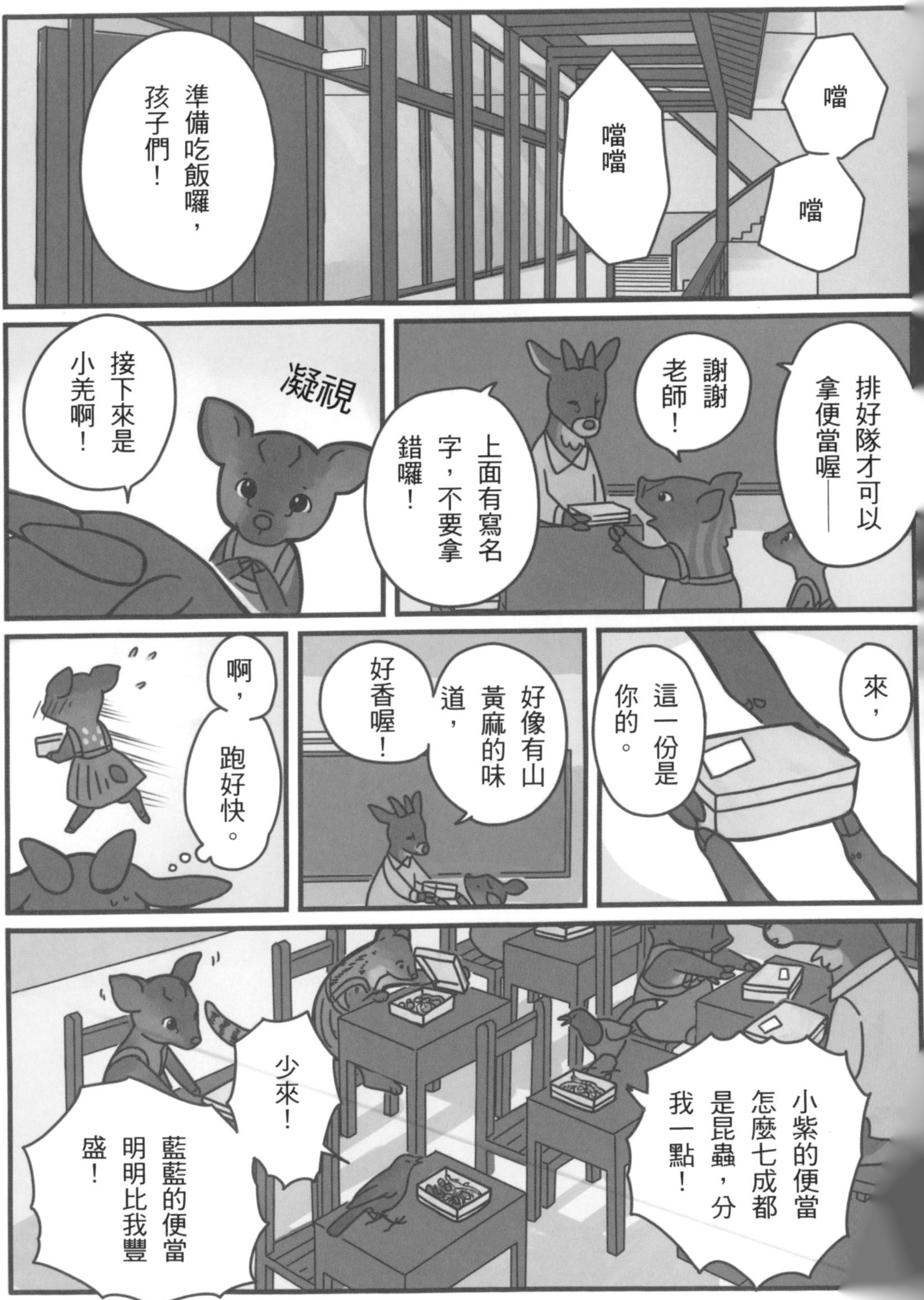
噹
噹
噹噹
準備吃飯囉，孩子們！
排好隊才可以拿便當喔——
謝謝老師！
上面有寫名字，不要拿錯囉！
凝視
接下來是小羌啊！
來，
這一份是你的。
好像有山黃麻的味道，
好香喔！
啊，
跑好快。
小紫的便當怎麼七成都是昆蟲，分我一點！
少來！
藍藍的便當明明比我豐盛！

噫
呸！
猴吉你收斂點喔！
嚼
嚼
嚼
嚼
嚼
不好玩。
……
可是老師，山龍眼本來就要咬完丟掉！
但是你影響到同學了！
磅
咚
磅
出現啦！
是野豬的拱地行為！
……

哇啊啊——
小山吃得亂七八糟！
……
小山，
直接吃就好，何必挖呢？
我要把食物從便當裡挖出來！
直接吃吧。
最後再吃掉！
小山，為什麼你們野豬會有拱地行為？
因為我們的主食是根莖類和果實，
有些要挖才吃得到呀！
這樣啊嘎——
不過，我也會吃昆蟲跟蚯蚓……
嘎！！
……

嚼
嚼
嗯，
好吃、
好吃。
請問，
我可以加入你們，一起吃午餐嗎？
……
你們猜猜老師今天吃什麼？
點頭
點頭
好呀！

嗯……
書嗎?
這是對山羊的刻板印象吧!
聞
聞
聞
我要公布答案囉!
掀開
好多喔!
是什麼植物?
山黃麻!

沒錯！
我喜歡吃山黃麻，所以山黃麻又叫山羊麻喔！
還有過溝菜蕨！
跟咬人貓！
嗯……
其他都不認識了。
哈哈，
這裡有很多高海拔的植物。像是玉山圓柏、臺灣鐵杉……
還有臺灣冷杉和玉山小檗。
老師怎麼在聊吃的！我也要分享！

其實我也會吃植物的莖跟葉子，
但是現在是夏天，
我比較常吃果實跟昆蟲啦！
好胖的蝴蝶幼蟲啊
好多種果實……
我們猴子是這樣，有果實就先吃果實！
等冬天到了，
我們就會去吃一些植物的莖跟葉子。
我們品味很好喔，
小羌的家人有時候會跟著我們猴群，
吃我們丟下樹的剩食！
……

不要理他啦，小羌，
你不一定要等猴子丟食物下來呀。
像我就都會在10月前後去吃自動落下的殼斗科種子！
啊不過，
有些獵人知道我會去吃，所以會先去守株待兔。
好危險！
吃飯還是安全點比較好！
小香都吃些什麼呢？
我吃昆蟲、蚯蚓、植物果實，也吃爬蟲類跟老鼠。

有時候還會吃鳥類……
但還是不要說好了。
??
小香這麼溫柔，但其實吃得滿葷的呢。
難得大家在討論各自的便當，
兩位鳥同學要不要也分享一下？
哪有什麼好分享的嘎！
也是，反正鳥只會吃昆蟲，很無聊。
也不是這樣啦——嘎！

小紫，我們來反駁他！
嘰——
請看我的便當！
雖然昆蟲佔七到八成，但還是有其他菜色的！
像是蚯蚓、魚蝦跟兩棲爬蟲類！
小紫會吃魚耶！
因為我住溪流附近呀！
好啦，
接下來是我的便當！
我的主食是果實跟昆蟲，但其實我能吃的東西很廣！
蛇啦，
蜥蜴啦，
甚至人類的廚餘我也敢吃喔！
你這傢伙！

你難道不知道人類的食物很不健康嗎？
咦！
我有的親戚就老是吃人類餵的食物，
人類的食物經過加工、添加，對我們身體不好，會讓我們過胖耶！
猴吉說的沒錯，
既然我們都是野生動物，
就應該依靠自己的力量生活！
你們懂得分辨哪些食物可以吃、哪些不行嗎？
你們知道食物生長的地點與時節嗎？
或是，知道捕捉的技巧嗎？

學習這些知識很重要，
因為這都是生存必備的技能。
呵呵，那我應該是生活智慧王。
而且呀，
我們在吃東西的同時，還扮演著各自的生態角色——
有時我們無意間幫助了植物傳播種子，
有時候則是淘汰掉老弱的獵物。
只是吃個東西，
沒想到影響很深遠！
那……
老師！
小羌你說。

這是頭一次……觀察同學們的菜色，
我覺得很好玩，聽了很多故事。
以後也想聽！
這樣啊？！
既然學生都這麼說了，
當然沒問題！
！
在第一天的午餐時光，
個性最害羞的小羌同學，也勇於表達自己的想法。
嘿嘿
看來，
儘管是怕生的孩子，面對興趣時，眼神仍是很堅定呢。

臺灣山羌

Muntiacus reevesi micrurus

俗 麂、羌仔、黃麂、吠鹿。

特 毛色為土褐色，背部偏深褐色。幼體身上有白點，只有雄山羌有角，每年脱落更新。雄山羌的犬齒發達增長。

食 山黃麻、斯氏懸鉤子、腎蕨、牛筋草、廣葉鋸齒雙蓋蕨、生根卷柏、山蘇花、霍香薊、臺灣山桂花等多種植物。偏愛植物的嫩芽與嫩葉。

棲 生活於低至高海拔山區，未被開發的天然闊葉與混生林。

習 全天都會活動，以清晨與黃昏最旺盛。生性害羞，受驚嚇會發出像犬吠的叫聲。

體

體長	40 - 70 公分
尾長	4 - 10 公分
體重	8 - 12 公斤

分

綱	哺乳綱
目	鯨偶蹄目
科	鹿科

玉子的悄悄話

野生動物的飲食

1

山羌愛吃嫩葉與嫩芽，所以時常咬下葉片之後，留下葉柄。在森林中看到這種痕跡，有可能會是山羌的食痕喔！

2

野生動物們的飲食，會隨著海拔高度、地區和季節而有所改變呢！

3

野豬有時會在農田拱地，造成農損。於是有人以「除害」之名獵捕野豬，導致野豬的數量減少。

3 小動物的父母

甲班
喂——
要上課了！
還不快進教室！
哦。
這堂課上社會，請把社會課本拿出來，
翻開第一課〈我們的家庭〉
大家回想一下，你有家人嗎？
家人曾經帶給你什麼幫助？
我！
我！
我知道——
猴吉請說。

我媽媽會幫我理毛，讓我的毛髮乾淨又整齊。
我爸媽很偉大，合力把我養大成鳥！
好大的陣仗哦！
我跟你不一樣耶，
我是爸媽和哥哥姊姊們一起養的。
我媽媽會在雨季跟冬季之前做窩，
避免讓我失溫！
看來各位的家人都很照顧你們呢！
不過，你們知道嗎？有很多生物是一出生就必須靠自己哦！
咦?!

像是海龜——
以及大部分的昆蟲和魚類……
他們出生時沒有父母的親身保護，只能各憑運氣長大。
這些動物的策略是以量取勝，
跟他們相比，我們的個體存活率高多了，
對吧？
可是老師——
為什麼他們不學我們，由父母保護小孩呢？
嗯，
因為牠們的父母可能顧自己就來不及了，
有些父母甚至是生完小孩就過世了。

即使孩子很脆弱，
也不是每個物種都有資源跟能力照顧自己的後代，
像我們這樣，有家人照看的小孩算是很幸福啦！
這麼說來，
我媽除了照顧我、保護我，
還會身體力行讓我學習很多求生技能！
沒錯！
雖說身為動物都有些與生俱來的本能，
但是後天的學習對於求生也至關重要！
所以說，猴媽根本就是人生導師——
回家記得要跟家人說聲謝謝呀！
唧——

媽媽，往這邊走！
好啦。
我的教室在這邊啦！
動物小學園
第一學期
家長日
甲班
哎呀，
好多家長已經到了。
咦，
我記得那位是……
請各位家長、小朋友就坐。
我們的說明即將開始！

我們先請校長致詞。
各位家長好，
我是校長穿山甲。
放上
校長
中華穿山甲
本學期有一些重要的活動，我們將在秋芒季舉辦歌唱比賽，
並在穀斗熟成時，舉辦校外教學……
到時候我們會教導孩子，
接觸新事物的同時，也不忘注意安全。
校長，要記得公布考試時間！
教務主任
黑長尾雉
可是我不想讓孩子考試！
校長！

說明告一段落囉！
我們有準備小點心，歡迎大家取用。
嗨
羊羊老師！
小山的馬麻！
我家小山平常沒有搗蛋吧！
啊哈！
其實小山以前不像現在強壯，剛出生時是三兄弟裡最小的。
我真的很怕他冬天會覺得冷。
小山在社會課好像提過。您會幫孩子們築窩，對吧！
喔喔！
原來他還記得呀！

您都怎麼築窩的呢？
其實就是就地取材，看看附近有沒有芒草跟樹枝，做了窩就溫暖了。
小山媽媽、羊羊老師！你們在聊什麼呢？
小羌媽，我們在聊育兒歷程！
哇，小羌長高了耶！
雖然還有白斑，不過確實正在長大呢。
小羌雖然比較內向，但她很有學習熱忱喔！
這樣啊，內向說不定是遺傳我的，哈哈！
對了，好像沒有看到小山？
哦，他可能跟猴吉到外面玩了。
咦？

抱歉，我去看一下兒子，確定他沒搗亂。
老師我跟你說，我之後要有一個弟弟或妹妹了！
咦！
哎呀，真不好意思，我懷第二胎了。
很不簡單耶！獨自哺育小羌，同時還懷胎！
對我們山羌來說並不衝突。
況且，等我生產時，小羌可能也獨立了。
媽媽懷孕要這麼久喔？
大概七到八個月唷。
哇，這位媽媽孕期好長，辛苦了！
小香媽媽！
跟妳相比，我不敢說辛苦啦，
我一胎只有一個孩子，
妳的辛勞可能比較多，哈哈。
話說，哪一位才是小香?!

唉唷，之前比較累啦！
壓力特別大的時候，
我就會想說乾脆像這樣子——
？
啊姆！！
噫！
把小孩塞回肚子裡，
呵呵呵呵呵。
!?
媽媽
哎，開玩笑的啦！
捏捏
你們最可愛了，最愛你們了。
姆
突然想起山羌、麝香貓，還有我們野山羊平常都是獨行俠，
育兒也就順理成章變成單親的工作了呢……
唧——
跟各位媽媽們報告，
我是一位驕傲的爸爸喔！

我都會跟老婆一起照顧小毛頭。
除此之外，我還負責隨時看好溪流領域，
走開！
以免隔壁的紫嘯鶇來鬧。
唧——
所以說，
像我這樣顧小孩的爸爸也是存在的啦！
哇，
不愧是我老公，太帥了吧！
不過，
玩桌遊啦
我覺得臺灣藍鵲比較特別，
哥哥姊姊還會幫忙顧小孩。
拜託，這很重要好不好！
嘎啊
這樣要是敵人來了，我們才能保護弟弟和妹妹啊！
嘎啊
誰敢惹我們就揍爆他！

哎唷威呀
啪達
啪達
羊羊老師，不好意思耶！
我家小山跟猴吉把花圃玩壞了！
猴吉？
咦──
這孩子真是的──
要好好道歉喔！
對不起。
那麼沒誠意！
嘿嘿嘿
都弄得髒兮兮的，這樣能看嗎？
媽媽幫你整理一下！
唔

第一學期的家長日，就在這樣的小混亂中落幕了。
在這短暫的時光中，我看見學生和家人的互動方式，
也認識了家長的奉獻與偉大。
孩子們啊！
不要忘記這份無私的愛！
請滿懷感恩的心，
成為一隻獨當一面的野生動物吧！

臺灣野豬

Sus scrofa taivanus

俗 山豬。

特 成體的毛色為灰黑帶棕色，幼體則帶有褐色條紋。野豬的吻部長，具有平碟狀的鼻子，且雄性野豬的犬齒會向外突出。

食 雜食性，取食草葉、根莖、鼠、蟲、鳥、蛙等多種動植物。

棲 分布於低至高海拔的森林、森林邊緣或是開墾地。

習 嗅覺靈敏，會以鼻子拱地翻土，尋找食物。會在泥中打滾以調節體溫、去除寄生蟲。具有築窩行為。

體

體長	90 - 150cm
尾長	13 - 20cm

分

綱	哺乳綱
目	鯨偶蹄目
科	豬科

臺灣藍鵲

Urocissa caerulea

俗 長尾山娘。

特 身體為藍色，頭頸部黑色，嘴和腳則為紅色。尾羽很長，外側藍色，腹面則是一根蓋著一根，黑白相間。

食 雜食性。取食種子、果實、昆蟲、小型爬蟲類和鼠類等等。

棲 出現於臺灣中、低海拔闊葉林、次生林、公園和果園，為臺灣特有種。

習 兇悍，領域性強。到了繁殖期，會築巢於高枝上，前一次繁殖長大的兄姊會幫忙照顧、育雛。

體

體長 63 - 68 公分	
體重 254 - 260 公克	

分

綱	鳥綱
目	雀形目
科	鴉科

玉子的悄悄話

育兒與成長

❶ 剛出生的小獼猴毛色較深，逐漸長大後，會換上灰中帶金的毛，耳朵也會被遮住。

❷ 不同的物種，雙親為家奉獻的方式也各有不同！育兒的不一定是媽媽，而爸爸也不一定遊手好閒。生物們各司其職，擔當著厲害的角色。

❸ 紫嘯鶇夫妻檔會合力養育孩子，爸爸在外打拼趕跑對手，而媽媽在家顧小孩。

離我的弟弟妹
妹遠一點！
哇！

4 小學園的歌唱比賽

校長室
各位老師看過來，
我們今天有重要的會要開！
關於秋芒季的歌唱比賽，你們有什麼想法？
如果要培養默契，合唱團或許不錯？
羊羊老師，
合唱團我們去年試過了，龜跟蛇孩子很難參與耶！
欸
可、可以打拍子……
哦！也有道理啦。
不方便唱歌的孩子，就讓他們演奏吧！

校長，
這次音樂會主題，我提議為「小動物狂想曲」
不管是獨唱，還是搭配樂器都可以，
不拘束孩子的表演形式。
明星班導師
臺灣黑熊
聽起來不錯呢。
願意參加就都鼓勵！
呵呵
那要推派選手還是自由參加呢？
選手由各班選派一組，如何？
高山班導師
臺灣水鹿
讚哦！其他老師也同意嗎？

嗯！我想是沒問題。
是的，長官！
走著瞧吧！我的學生一定會得第一名！
?!
黑熊老師，
你這是瞧不起我們高山班嗎？
論歌聲，我學生不會輸的。
冷顫
大家都很棒啦！
請各位老師好好培養孩子們——
讓孩子的特長被突顯出來。
加油！

我就說啊，黑熊老師和水鹿老師超好勝的……
是呢——
明明大家歌聲差這麼多，何必拘泥於得獎呢？
不只音色有差異，就連功能也很多樣——像是告白跟警戒的歌聲，意義上就超不同！
就是說呀。
總之，孩子們都全力以赴就好啦！
嗯，加油！
大家早——
老師好！
早！

開始上課前，我要跟各位同學討論歌唱比賽的事。
唧——
你們可以唱歌也可以演奏樂器，
可以單獨、也可以組隊。
形式很自由！有人想參加嗎？
老師，我會發出「嚇退敵人之聲」唷！
嘎嘎
我們山羌……就是「槓」一聲——
吼，小羌好像在罵髒話！
欸
我們麝香貓平常很少發出聲音耶！
只有男生告白會叫，
或是我們很緊張害怕的時候。
這樣啊？！
思考

唱歌的話，我提名小紫。
哦？
我聽過小紫把拔唱歌，音節跟歌曲很豐富。
欸——
我也會發出各種聲音，但我願意當小紫的伴唱！
等等！
你說的是我把拔，他經驗豐富，但我還是小菜鳥呀！
呵
雖然我是滿想唱的……
但是有些歌曲我都還沒學會耶！
欸
感動
有什麼關係呢，小紫。唱歌本來就需要練習。
你想參加的話，我們會陪你進步的。

我可以打拍子！
嘎
我當伴唱！
或許能搭配笛子
大家……
我會加油的！
那就這麼決定啦——
各位家長和小朋友，
我們期待已久的歌唱比賽即將開始！
秋芒季
歌唱比賽

首先是乙班為我們帶來的歌曲〈天黑黑〉，
掌聲歡迎！
拍掌
拍翅膀
天黑黑——欲落雨——
暗光鳥舉鋤頭欲掘芋——
啪
啪
掘啊掘，
掘啊掘。
舞臺被挖了！
掘到一尾旋鰍鼓，
自備道具
咿呀嘿嘟真正趣味！
好吃！

準備區
他們班好歡樂哦！
老師……
我好緊張哦！
要是我沒有得獎，會不會讓班上丟臉……
而且有些人覺得我的歌聲像腳踏車剎車聲，很刺耳！
小紫呀，你知道為什麼我們選你出來嗎？
因為我們知道紫嘯鶇的歌曲很豐富，這是很難能可貴的！
……
大家都覺得跟你一起練習很開心呀！
有沒有得獎不重要，重要的是我們共度的時光。

所以，舞臺上的表演只是幫這段時光畫下一個句點。
……
我們就當是一場慶祝吧！
嗯——謝謝老師。
感謝乙班帶來的表演！
躂
接下來，這個隊伍來自甲班——
讓我們一起聆聽他們的〈西北雨〉。
掌聲鼓勵！

沙沙
沙沙
嘎吱
嘎吱
嘎吱
笛聲悠揚
西北雨
直直落——♪
鯽仔魚
欲娶某——
這聲音好熟悉唷！
晨昏的時候會在溪邊聽到！

唉唷，真不愧是我兒子！
爸——
真優秀！
兒子啊，以後整條溪流的女孩子都要被你迷倒了！
只能有一個老婆哦。
爸爸！
媽媽！
小紫剛才超緊張的。
那個……
謝謝大家陪我表演！
我真的很開心……

下次也一起唱歌吧？
校長，請問誰得獎了呢？
推擠
評審好！
這個嘛，當然是——
我現在是評審。
人人都有獎！
甲班　魅力四射獎
乙班　餘音繞樑獎
丙班　別出心裁獎
丁班　有聲有色獎
什麼！
這樣沒意思啦，校長——
動物小學園的音樂比賽，鞏固了孩子的自信心——
也悄悄建立起了他們的友誼。

臺灣紫嘯鶇

Myophonus insularis

俗 紫嘯鶇、烏磯。

特 全身藍黑色，胸前、肚子和翼肩羽毛具有亮藍色金屬光澤，眼紅色。嘴喙黑微厚，嘴基有剛毛，腳黑且長。

食 小型蛙類、爬蟲類、魚類、昆蟲、其他無脊椎動物和果實，以及種子等。

棲 分布於低、中海拔，出現在山區森林中的溪流、峽谷和岩壁。

習 領域性強，大多單獨停棲在溪流岩石，或是有森林遮蔽處。會在溪邊岩壁、樹洞，甚至在橋墩築巢。

體 體長 28 - 30 公分；體重 130 - 235 公克

分

綱	鳥綱
目	雀形目
科	鶲科

玉子的悄悄話

鳥類的叫聲與「暗光鳥」

❶

鳥類的叫聲可以被粗分為「鳴唱」（song）與「鳴叫」（call）。

鳴叫的用途主要是溝通、乞食或警戒，聲音簡短，公母都會發出；而鳴唱則由公鳥用於求偶，或是警告情敵，聲音較長且複雜。臺灣紫嘯鶇只有公鳥會「鳴唱」哦！

❷

臺語的「暗光鳥」是指在夜間活動或鳴叫的鳥兒。常見的推測有兩種，一是「夜鷺」、二是「貓頭鷹」！

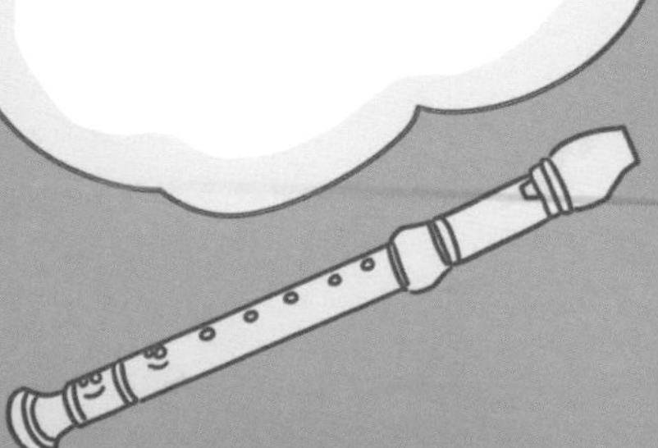

5 同學來溪邊玩水吧！

噹、噹
噹
哎呀，打鐘了，
那今天課就上到這裡吧！
終於到週末了！
小羌週末要去哪裡玩呢？
我媽媽會帶我去福山植物園！
收書包
嘿，你好！
我們是隔壁班的同學，上次聽到你唱歌，好棒！
哇……謝謝！
獴獴老師說，你跟我們一樣住在溪流邊？
是的。

我們明天要去河邊玩水，
小紫要不要一起來玩？
欸——
我覺得我們會成為好朋友！
老師，隔壁班的同學找我去河邊玩水耶！
哈哈，
記得注意安全就好。
欸，怎麼那麼好！我也想要玩水！
都歡迎呀！難得一起玩，我願意早點起床。
我也是！

明天黃昏不見不散。
好！
哇
小紫，你看這野溪好漂亮喔！
嘿嘿。
野溪是我們的家、我們的遊樂場，
也是我們的餐廳唷！
餐廳？
溪流看起來沒什麼食物，
你們都吃些什麼呢？
開什麼玩笑！溪邊的食物可多了，
你看大家都開始尋找了。

黃魚鴞同學在做什麼呢？
他看起來好像在發呆喔！
哇，他跳了！
什麼！這樣就抓到苦花魚了？
我也要試試看！
專注
專注
哇！
魚很滑耶，抓不住——
……
溼答答
哈哈。

工欲善其事，必先利其器！
我能輕鬆捉住魚的祕訣就在腳底。
我的腳上有很多小刺，就像釘鞋一樣。
有止滑效果！
好厲害哦！
看來要在溪邊討生活，還需要兩把刷子呢……
哈哈，多少需要適應和學習啦！
或許也因為我的食性的關係，
我的羽毛上的消音構造比較不明顯，
其他貓頭鷹的翅膀比較能觀察到「梳齒結構」。
抓魚不需要消音嗎？
魚聽不見我呀！溪流聲這麼大，跟消音比起來，我的視力可能比較重要。

那麼，你是因為吃魚，所以叫做黃魚鴞嗎？
是的，不過我其實也會吃蝦蟹、兩棲類，還有……
還有什麼？
看起來有點可口的同學們
嗯，就一些有的沒的，哈哈——
好酷哦！你不覺得嗎？
我覺得我們應該把隔壁班同學訪問一輪。
清喉嚨
咳咳
首先就訪問你吧，小老鼠！
請問你是如何在水邊討生活的呢？
？

其實我是鼩鼱的一種啦！
我跟鼴鼠的關係還比較近呢。
！
水鼩同學，人家是問你怎麼適應溪流生活的啦！
哈哈，偷偷告訴你們，
我很擅長游泳，而且皮毛還防水哦！
會游泳的鼩鼱！
可以示範給你們看唷！
哇！
嘩啦 嘩
敏捷 划水
其實水底的視線並不清楚，
我找食物更依賴觸鬚的觸覺。
原來如此

那我先去找吃的啦，掰——
水鼩同學都會在水底找食物。
小魚蝦、蝌蚪和水棲昆蟲他都會吃。
水鼩很需要乾淨的溪流，但這種家園越來越少了。
噢……
家園變少的事情我知道。
水獺同學？
問我就對了！
我曾經普遍分布在臺灣哦！
可是隨著河流被汙染、開發、整治，
我們就更難討生活了。
總之，現在我們只住金門了。
可是這裡是臺灣……
他是轉學生啦。

小紫不也是住水邊嗎？
也跟我們分享你的生活秘訣吧！
這個嘛……
對我們紫嘯鶇來說，溪流蘊藏了很多食物資源，
所以維護地盤很重要！
咦……
認同！
對！
沒錯！
點頭如搗蒜
地盤真的非常重要！
我們鉛色水鶇都會把不速之客趕走。
有地之後，我們就可以站在視野最好的石頭上。
這樣一旦有蟲子飛起來，就可以馬上看見、然後抓住！

我們紫嘯鶇是由爸爸負責守護地盤的。
啜泣
地盤對我們黃魚鴞來說，就只有人生勝利組才會擁有。
別氣餒啦，你改天也會脫單的！
等我長大，一定要成為一個好爸爸好隊友，跟老婆一起分擔為孩子找食物的壓力。
生育孩子很需要合力完成！翠鳥爸媽們會一起挖洞築巢，還會輪流孵蛋。
說這麼多，我們還是沒有情人，嗚嗚……
哈哈～
其實，我爸跟我說過，想告白的話，就送對方小魚吧！

噗嗤——
偷笑什麼！
沒事，送魚以示愛意這種事情，
聽起來就超有水居民的特色啦！
害臊
唔！
不管你們啦，我要去捉小魚了！
瞬膜記得閉起來啊！
他在吃什麼？
欸你們看，水鼩同學捉到食物了耶——
！？
看起來像是石蠶蛾的幼蟲！
看起來不錯吃——

想吃東西自己去抓，這是我的喔！
好好好！
我們也去找好吃的吧！
嘿嘿
今天跟新朋友到溪邊玩，
聊了才發現，大家為了適應水邊生活，各自發展出不同的絕活——
為了捉住魚，有人穿上了釘鞋，
為了方便游泳，有人手腳有蹼，
而有人的皮毛防水……
甚至還有鳥兒懂得俯衝到水裡捉魚呢！

乾淨的野溪就像
是生命的泉源，
而大大小小的石穴就
像是貼身小窩——
這裡孕育生養著
眾多親朋好友，
等著被你我
發現與珍惜。

歐亞水獺

Lutra lutra chinensis

俗 水獺。

特 背部為栗褐色，喉、腹部則為淡灰色。具有流線型的身體，四肢短、有蹼。

食 肉食性，食物包含無脊椎動物如甲殼類、小型哺乳動物（鼠）、魚類、兩生爬蟲類，以及水禽等。

棲 原本分布於全臺灣 1500 公尺以下的溪流，現今只有金門有小族群紀錄。

習 夜行性為主，游泳與潛水能力強，喜棲息於坡度較緩、兩旁有茂密植被能藏身的水岸。會在水邊建立窩穴。

體

體長	60 - 80cm
尾長	30 - 50cm
體重	5 - 15kg

分

綱	哺乳綱
目	食肉目
科	鼬科

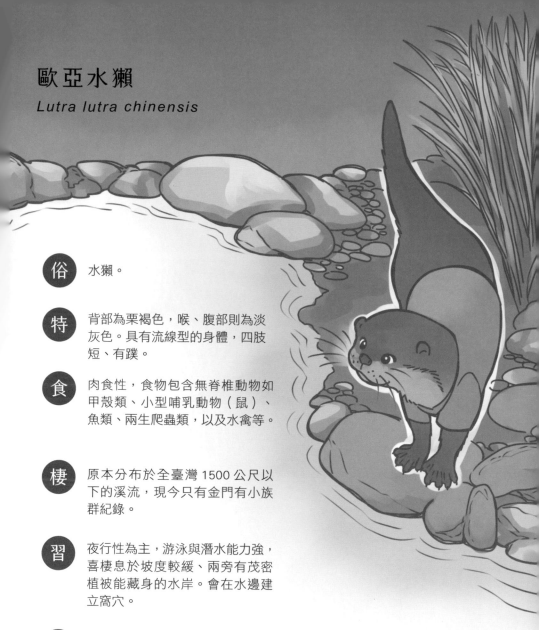

玉子的悄悄話

溪流動物兩三事

❶

仰賴乾淨溪流的半水棲動物，往往對水質很敏感。河川汙染與棲地破壞使歐亞水獺和水鼩在臺灣都被列為保育類野生動物。

❷

水鼩尾巴下端有一排帶狀剛毛，游泳時有助於掌握方向，而腳趾內外側的銀白色短刷毛，則有利於划水！

❸

已配對的黃魚鴞會佔領一部分的河流當作地盤，單身黃魚鴞就只能被已婚夫妻們合力驅趕、到處流浪呢……

6 小動物的戀愛

噹
噹噹
噹——
我們來玩球！
盯——
水獺同學，你在這裡偷偷摸摸看什麼？
哇！
沒有什麼啦！
嗯？
吼，你是不是暗戀我們班同學！

你喜歡的是小香還是小羌呀？
沒有啦！
少來，你看起來超害羞的。
我只是覺得很漂亮啦！
你們難道不覺得小香的尾巴很有特色嗎？
一條又一條，有好多節耶！
原來是小香啊。
哎呀
哇
不用害臊啦，兄弟，我們幫你想辦法！
喜歡的話，就追求呀！
太大聲啦！
對了，
我剛好借了一本書，你或許能用到。
《小動物的脫單方法》
小動物的脫單方法
請等一等！

好棒的書，快看看有什麼方法！
我看看唷——
首先是擁有鮮豔的色彩，
啥……
放棄掙扎
「色彩使你獨樹一格！」
諸如孔雀和天堂鳥男孩，都擁有美麗的外表。
這招的缺點，是你可能更容易被天敵發現……
但換個角度想，這樣都能活下來的你，實在很有本事！
你們認為水獺同學的外表還可以嗎？
……
可能不行，他沒有特別的顏色。
同學，打扮一下呀——
這樣很奇怪吧？

還有第二種辦法——特殊舞蹈。
「跳舞讓你增添魅力！」
像是孔雀跳蛛和鴕鳥等動物，都會展露曼妙舞姿喔！
自己跳舞很無趣耶，對方不加入一下嗎？
有些動物會雙方一起跳，就像在締結婚約一般，
像是丹頂鶴和阿根廷鸊鷉。
有了這些方法，我們就可以改造水獺同學了！
你們想做什麼？
小皮球，
香蕉油，
滿地開花二十一……

請看過來！
這裡有一隻光彩奪目、
又會跳舞的水獺！
？？
嗚嗚
……
等等，不要跑！
好害羞喔！
……

這兩個方法行不通啦！沒有比較自然的搭話方式嗎？
我讀一下唷。
第三種方法，
把潛在的情敵趕走——
趕不走就單挑！
好兇喔！
一旦沒有情敵，人家就只能跟你在一起了對吧！
等一下，
一般說法應該是打贏代表勝利者很優秀吧？
先不要，
打架會受傷耶！
哦？我們同學很有想法哦！
……
不然，
你們水獺通常都怎麼脫單的？

噢，這個嘛，
根據媽媽的說法，
是爸爸聞到了媽媽的味道而靠過來，
他們就膩在一起追逐、玩耍了好多天。
後來我爸就留下我媽獨自扶養我們。
好平淡的故事。
你說什麼！真沒禮貌！
兄弟，我更喜歡轟轟烈烈的愛情啦！
這樣劇情才精彩——
關我什麼事！
以我爸為例，
他追求媽媽的時候時常要抓魚送她。
經過幾次努力後，我媽媽終於接下了小魚，
就像是接受爸爸的追求，超浪漫的！

哇，送小禮物聽起來很不錯。
這個方法很多人用呀！
像是某些蜘蛛、虻類，
以及一些猛禽也會這麼做。
對了，你也可以效仿小紫呀！
好聽的歌聲也很有吸引力。
很多鳥類都透過歌聲來爭奇鬥豔，
這個聲音會同時達到吸引異性和警告情敵的效果。
欸，這裡還有另一個參考方案！
浪漫絕招——「布置愛的藝術品」。
第一個例子是緞藍亭鳥，男孩子會建造一座草料走廊，並且以藍色物品妝點，吸引女孩目光。
第二個例子則是窄額魨，男孩會在海床繪製圓形圖騰，而中央的細沙便是產房！

真的耶，好漂亮！
敬佩
大家都好會喔！
怎麼樣，有靈感了嗎？
唔……
這都是很厲害的招式，
但是我要怎麼知道對方也準備好要談戀愛了呢？
看時機呀！
很多動物都是在特定的季節談戀愛。
小鉛說得沒錯。
不過，像我們臺灣獼猴要4、5年才會轉大人，
即使季節到了，
女生說不定還未成年呀！
成熟女孩
好消息是，成熟的女孩子會有深淺不一的紅色皮膚，所以外表可以看得出來唷！
好害羞！

突然學了好多唷！
腦袋快爆炸了。
趴搭
闔上
哇！
嚇一跳
你做什麼啦——
謝謝你的書！
這些五花八門的方法很有趣，
但我總覺得不適合我——
我決定直接向小香訴說我的心意！
來自兄弟們的敬意
不過，我要先把這件荒謬的衣服換掉……

！
躂
哈哈
同學好，我是隔壁班的水獺同學！
咦？
抱歉，早上嚇到你了！我只是想跟你說——
？！
我一直很想認識妳，有機會的話，歡迎找我一起玩！
順帶一提，妳的尾巴真的很特別、很漂亮！

……
欸？
小羌，我剛剛突然被讚美了嗎？
似乎是的……
不介意的話，我也很喜歡玩小皮球，
可以加入你們嗎？
好！
歡迎。
哇，太開心了！
我跟小羌發明了新規則……
抱歉，羊羊老師，我也不知道我們班上同學在想什麼。
哈哈，他們的互動很健康，
沒關係啦！

而且，我們之後健教課不就要教物種間的生殖隔離了嗎？
居然給人家潑冷水，我們好殘忍哦！
隨著小動物漸漸長大，愛情也在他們的心中萌芽。
情竇初開的你，找到示愛的方法了嗎？

麝香貓

Viverricula indica taivana

俗 小靈貓、九節貓、筆貓、七仔。

特 身形修長、嘴部尖，四肢纖細矮短，毛色為灰褐色，背上有多條整齊縱紋，尾巴則有 8 到 9 個環節。

食 取食昆蟲、蚯蚓和鼠類，也吃植物果實或草莖。

棲 居住在臺灣低海拔到海拔 1000 公尺山區的天然闊葉林。

習 夜行性，生性隱密，主要在地面活動。

體

體長 52 - 55 公分
尾長 30 - 31 公分
體重 2 - 4 公斤

分

綱	哺乳綱
目	食肉目
科	靈貓科

玉子的悄悄話
小動物的脫單方法
1
色彩使你
獨樹一格！
2
跳舞令你
增添魅力
3
快點！把潛在
情敵趕走！
4
送禮物餵飽
心上人！
5
一副好聲音，
贏得美人心。
6
布置愛的藝術品，
展現你的用心。
7
注意對方的顏色和味道，
這或許是「愛的訊號」！

7 小學園的戶外教學（上）

今天是戶外教學！
戶外教學！
羊羊老師！隔壁班同學！
猴吉你來啦——
趕快集合，我們要行前說明。
我們要去哪裡？
可以玩遊戲嗎？
有沒有好吃的？
這次戶外教學，我們要走訪各個海拔高度的森林，
跟在地居民聊生活，認識我們的社區！

老師，什麼是「海拔高度」？
海拔高度就是「從海平面算起的垂直距離」，
像是臺灣最高的山，就有海拔3952公尺！
玉山主峰
其實，一座山的海拔高度越高，
溫度就越低。
加上一些特定的環境條件，就會長出不同的植物哦！
這也是為什麼我們要走訪不同海拔的森林，
你們可能會發現，環境不同，居民也不太一樣。
我們要分兩天來認識山，
第一天從平地走到中海拔，第二天繼續走到高海拔。

準備好的話，我們就出發吧！
有人要上廁所嗎？
我們準備好了——
這裡就是步道口喔！
目前的海拔高度是四百公尺。
請大家看看周圍的植物，樹葉是寬寬的還是細細的？
400
什麼意思？樹葉不是都長這樣嗎？
怎麼樣算寬？
就知道你們會疑惑！
有的同學住在低海拔，可能只看過這種森林……
亮出
哦？
所以我特地帶了範本讓你們比較。

欸？這個細細小小的也是葉子嗎？
好酷哦！
根據葉子的形態，我們可以把樹木分成闊葉樹和針葉樹兩類，
我們這裡是低海拔，闊葉樹會比較多喔！
我們兩班可能都住過這種森林，
唔
不妨試著叫出幾種闊葉樹的名字吧？
嗯，樟樹很常看到！
那棵是大葉楠。
桑樹會結桑葚！
我知道，構樹果實很甜美！
還有好吃的雀榕，
鳥類好喜歡它！

你們果然都是在地居民，很熟悉這些樹。
其他像是白匏子、茄冬和山紅柿等，也都很常見。
而且就像你們說的，這些樹提供了很棒的食物來源。
總覺得，
這裡樟樹、楠樹，還有榕樹特別多耶！
沒錯！
這類森林因此被稱為「榕楠林帶」。
繼續爬山之前，這裡的居民好像想跟你們聊天。
？
小朋友——
啊！
小朋友，你們吃飽沒？
赤腹松鼠阿嬤
給你們吃果子好不好呀？
白鼻心阿公
咦

好飽哦！我的肚子好撐！
唔
都說我吃飽了嘛——
1500
同學們，我們走到海拔一千五百公尺囉！
請看看周邊的森林，
有看見不同的樹嗎？
那是，橡實？
真的耶！很多殼斗科的樹。
有橡實掉地上了。
觀察力很敏銳哦！
看起來好好吃喔！
我們來到「櫟林帶」了。

我今年還沒吃到橡實，趁機多撿一點……
我想去摘樹上的！
唉唷，經過我家都不打聲招呼嗎？
黑熊老師！
你們來對時間了！現在正是橡實成熟的季節。
這裡年末總會結滿橡實，許多夥伴們會前來共襄盛舉。
我們稱此為「橡實派對」！
一起享用大餐吧！
我準備了這些，就等你們來！
我知道你們還要繼續爬山，
但是沒吃完不許走哦！

咚
咚
老師，我們飽到動不了了……
噗
休息一下吧？
唔，小山，仔細一看，樹木好有層次呢！
你是說有高又有低嗎？
似乎是呢。
沒錯！讓我告訴你——
這裡的森林大致可以分四層，對我們來說也造就了不同的居家環境。
第一層
高大喬木
40m
第二層
喬木
20m
第三層
灌木
1-2m
第四層
草本和蕨類
植物為了更全面的利用資源，會分層長好長滿！
是山中小鳥？
頭烏線
白耳畫眉
冠羽畫眉

什麼意思？
不都是森林嗎？
不一樣啦！
每一層的光照度不同，溫度和濕度也會不一樣，
就形成了多樣的「微棲地」！
各種居民會在特定的範圍活動——
像我們山鳥就可以分成樹冠層、灌叢和底層的居民。
糟糕，有點聽不懂。
欸，森林就像一棟大公寓，每層樓的小環境不一樣，
身為居民，你可以選擇喜歡的地方住！
沒錯！正因為這樣，分層明顯的森林，生物種類也比較多。
原來如此。

哈、哈啾
哇呀，你還好嗎？
嘻嘻，我沒事啦。
氣溫不知不覺就變涼了……
外套借你穿。
你要多注意，越往山上去會越冷的！
你們山鳥也會怕冷嗎？
唔，該怎麼說呢？冬天到了嘛！
除了變冷之外，食物之類的資源也會變少呀！
有些鳥為了過冬，甚至會飛到更溫暖的國外去。
不過，我們三個是留鳥，就算天氣冷，也不會離開臺灣的。
那，你們要怎麼辦？

「降遷」呀！
降、遷？
專有名詞？
就是山上的小鳥會在冬天到山下過冬的現象。
哦！因為山下比較溫暖啊。
有道理耶。
這樣一來，
各海拔的山鳥到冬天不就擠在一起生活了嗎？
對呀，有什麼問題嗎？
感覺很熱鬧……
為了資源而移動這件事，跟黑熊老師的橡實派對很像呢。
換句話說，如果想跟山林居民交朋友，
只要在特定時節地點來「巧遇」，
就人脈大豐收啦——

哎，時間不早了。
我們還得走到山屋呢，趕緊跟山鳥居民道謝吧！
謝謝大哥，謝謝姐姐！
啾
啾
老師，這裡有好多針葉林唷！
好冷哦，還起霧！
海拔兩千公尺！
因為這裡是「霧林帶」呀！
這裡就是我們的夜宿地點。
原來是這裡！
趕快進屋吧！
ZZZ
ZZZ
ZZZ

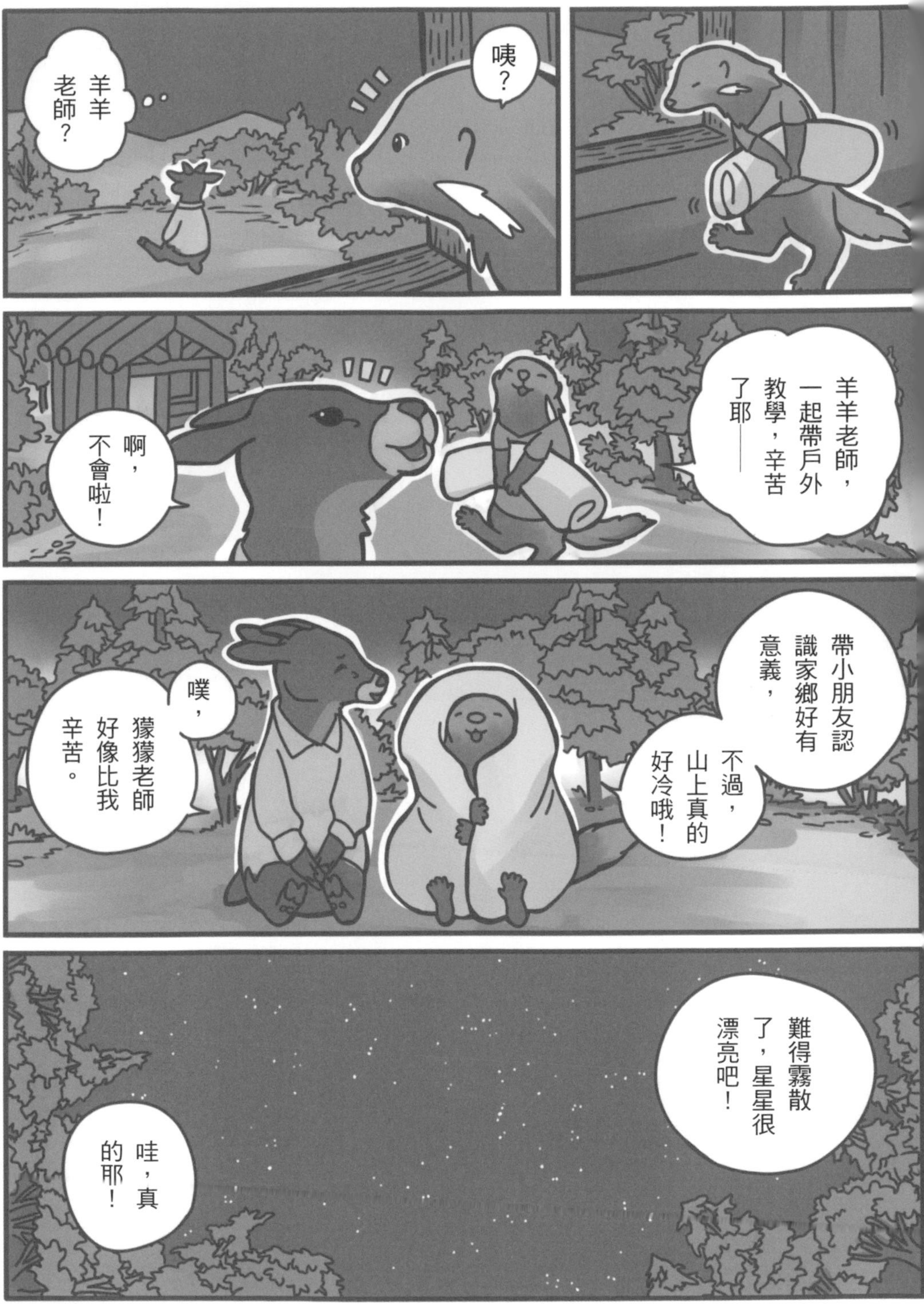
咦？
羊羊老師？
羊羊老師，一起帶戶外教學，辛苦了耶——
啊，不會啦！
帶小朋友認識家鄉好有意義，
不過，山上真的好冷哦！
噗，獺獺老師好像比我辛苦。
難得霧散了，星星很漂亮吧！
哇，真的耶！

臺灣黑熊

Ursus thibetanus formosanus

俗 狗熊、月熊。

特 頭大又圓，眼睛小，耳圓，身披黑毛，胸前有 V 型白斑。

食 黑熊以植物為主食，會取食植物的根莖部、花與果實，另外也吃蜂蜜、昆蟲，以及死掉或虛弱的動物。

棲 多分布在海拔 1000 - 2500 公尺，偏遠且人煙稀少的森林。

習 日夜都會活動，冬季不會冬眠。除了交配和育幼之外，通常為獨居。

體

體長	120 - 160cm
尾長	10cm
體重	50 - 200kg

分

綱	哺乳綱
目	食肉目
科	熊科

玉子的悄悄話

小動物的森林生活

❶ 每年到了特定季節，動物們為了生活，會選擇移動到資源豐富的地方去。

好比 10 月到 12 月，黑熊、水鹿、獼猴、松鼠和刺鼠等橡實攝食者，會在櫟樹森林開橡實派對。

又像是，冬季的鳥兒會由北向南遷徙，或由高向低海拔降遷，這同樣也是討生活的方法！

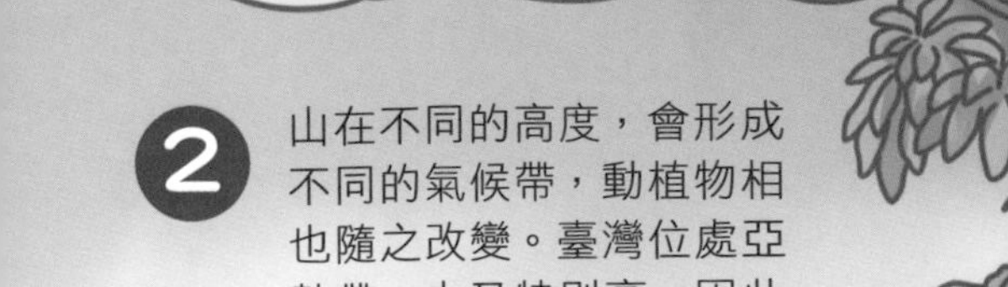

❷ 山在不同的高度，會形成不同的氣候帶，動植物相也隨之改變。臺灣位處亞熱帶，山又特別高，因此擁有多種氣候帶，蘊育著豐富的生物種類！

8 小學園的戶外教學（下）

起床囉，快點——
哈啾！好冷哦！
會冷的同學請穿外套。
老師，我們今天要做什麼？
抖
抖
當然是繼續爬山啦——路還很長呢！
我還以為看到針葉林就已經算高山了……
哈啾！
小香太天真啦，針葉林也有分不同林帶呀！
……
我們現在位處霧林帶，檜木和櫟樹會比較多。
原來這是檜木
咦？
抬頭
ㄌㄩㄝ
咦？

唉唷！
哇啊！
猴吉！
痛痛痛……
剛剛有隻條紋松鼠害我分心……
你還好嗎？
？
哇啊啊我的家！
我的家被掀開來啦！
是山椒魚先生！
你要怎麼賠我——
對、對不起，我幫你蓋……
這不是蓋回去就能了事的！
我喜歡住在長期不被打擾的石頭下，
被你這麼一掀，完美的家就不完美了啦！

山椒魚，
……
好可愛。
……
討、討厭
看在你們很有眼光的份上，就原諒你們一次。
我禁不起干擾，還是珍貴的北國生物。
北國生物？
你們不知道嗎？
大多山椒魚都住在西伯利亞、日本、中國東北等較冷的地方，
我卻住在亞熱帶的臺灣，為什麼呢？
因為臺灣風景好！
不是啦！
是因為以前冰河期，到處都是冰天雪地。
那時臺灣和亞洲大陸相連，山椒魚就搬來了。
冰河期結束以後，地球回溫，喜歡寒冷的我只好搬到高山來啦！
像我這樣的生物，可是很怕熱的！
如果天氣更熱，你還要繼續往更高的山避暑嗎？
對呀！但是我快沒地方去了，要保護我啦——

嗚哇，請不要生氣！
哼哼！
唉，
莫名受了氣。
先不要抱怨了，
看前面的樹是不是好特別？
咦？
這個也是針葉樹嗎？
雖然傘狀樹型很像闊葉樹，但它是針葉樹「鐵杉」。
這裡是海拔兩千七百公尺，正是「鐵杉雲杉林帶」的開始。
當然，這裡不只有鐵杉和雲杉，
有時也會看到臺灣二葉松和華山松。
老師，森林下面有可愛的小花耶！

哇，眼睛很尖哦！
好可愛喔！
秋天還能看到它們，我們滿幸運的唷！
那些是玉山小米草、高山白珠樹和玉山金絲桃。
高山白珠樹似乎結果了，好像珍珠項鍊哦！
看起來很好吃。
繼續前進，前方有不同植物喔！
哇，等等我。
其實高山在地理、氣候帶上長久隔離了許多動植物，
所以有將近一半的居民都是臺灣特有種喔。
一半?!
很驚奇吧。
菊池氏龜殼花
臺灣森鼠
千萬不要小看高山的一花一木和小動物。
玉山杜鵑
牠們身上或許藏了許多演化的秘密喔。
臺灣噪眉

白面鼯鼠
臺灣鷦眉
老師，是我的錯覺，還是森林又長得不一樣了？
這裡好像童話故事裡的黑森林喔！
這裡是海拔幾公尺了？
我們進入海拔三千公尺的「冷杉林帶」了。
冷杉屬植物跟山椒魚一樣，喜歡冷冷的環境。
滋
滋
我們眼前的臺灣冷杉，正是寒帶溫帶的代表性植物。
而且還是臺灣特有種哦！

我們也是特有種哦！
咦？你們是？
我們是住在針葉林裡、
頭戴橘黃色冠羽的——
火冠戴菊！
滋
好華麗的介紹……
再介紹一位特有種鄰居給你們認識吧！
唷？
這是姬長尾水青蛾。
這是牠的寶寶，
是吃臺灣冷杉長大的，保護色很讚，對吧。
扭
肥滋滋的看起來好好吃！
你們好熱情哦，願意帶我們到附近看看嗎？
好哇

小朋友，跟我們來！
帶你們去看南邊的山坡。
哇
好亮
哇嗚，是大草原嗎？
很美吧！
這其實是矮小的竹子喔！
快看！
冷杉森林和草原的分界很明顯耶！
哈
在向陽或是風大的地方，玉山箭竹長得比冷杉還快。
好難想像這玩意竟然是竹子……
別以為它只有20公分高，
在森林的庇護下它可以長到4公尺。
竟然！

好可愛喔！
他們在看什麼？
季末的阿里山龍膽！
那又是什麼紅紅的樹？
那是秋季的巒大花楸。
我原本以為高山上很荒蕪。
高山在不同季節會穿上不同衣裳，很有看頭的。
龍膽很有趣喔！
它的花朵在陰天會合起來。
因為盛花期剛好有梅雨，
合起來可以得到保護吧！
龍膽怎麼長得這麼小巧玲瓏，
越看越可愛——
我也要問！
為什麼一整片的玉山箭竹都矮矮的？

你們猜猜看呀！
嗯，營養太少？
不知道。
有個重要原因，
那就是稜線的風太大了！
觀察看看，爬升到三千五百公尺，
植物大多是低矮的灌木和小草。
玉山圓柏
玉山杜鵑
它們不一定天生矮小，有些是被風雕琢的。
那裡很難生活，
風大、土壤又貧脊。
跟平地肥沃的土壤不同，
超高海拔山區只有裸露石塊和薄土層，
任何一丁點資源都是難得可貴的。
高山好難生活哦！
這還只是冰山一角耶！
植物還要面對太陽直射、水分稀少、
日夜溫差大、
以及三到四個月的雪季！

這樣還能過活嗎？
還是住平地好了。
但是植物還沒放棄。
植物是怎麼撐過來的？
動物還能離開，植物不行耶！
用策略呀——
比如說，植物的葉子或花瓣披了一層絨毛，
玉山杜鵑
玉山薄雪草
這使它們更能耐受劇烈溫差。
又或者發展出厚實的莖與葉，幫助保水。
玉山佛甲草
植物無所不用其極的想要活下來！
真佩服！
跟植物學著點啊！
饒了我吧，哈
老師——
咦
我們遇到水鹿老師耶！
他說要帶我們去玩泥巴浴！
可以嗎老師？

不是自己的班你就沒有包袱了嗎？水鹿老師。
呵呵！我現在是地方居民，不是老師啦。
在高山湖泊玩耍感覺很美好！
想清楚哦！你們有多帶換洗衣物嗎？
來不及了。
小山已經變成泥巴豬了。
小山!!
舒服——
停
欸？
可愛的小蜻蜓
你也是只住高山嗎？
呃
其實牠真的是哦。
什麼！
泰雅晏蜓
真的假的？
臺灣的高山創造了多元的環境，
孕育著不同氣候帶的動植物。

面對超高海拔的嚴酷環境，
放低身段或許也是一種堅毅。
未來當你們遇到困難的事，
我希望你們會想起這些高山居民，
藉此獲得繼續努力的力量。

臺灣水鹿

Rusa unicolor swinhoii

俗 水鹿、四目鹿。

特 全身為褐色，身上沒有斑點。公鹿每年會長新角，成熟的公鹿角為三尖兩叉。為臺灣最大的植食性動物。

食 植食性，會取食森林下的灌木葉片、嫩芽，也會吃箭竹。

棲 早年在臺灣海拔 300 公尺的闊葉林也能看到，後來漸漸局限於中、高海拔，到 3500 公尺的針葉林都有分布。

習 清晨與黃昏是活動高峰，為群居性動物，但公鹿時常單獨活動。

體

體長	170 - 240cm
尾長	20 - 30cm
體重	160 - 250kg

分

綱	哺乳綱
目	鯨偶蹄目
科	鹿科

玉子的悄悄話

高山上的臺灣特有種

高山上有好多臺灣特有種動植物，
這些只是冰山一角！

9 小學園的教師節

欸，你知道下個禮拜是教師節嗎？
真的嗎？
把球傳給我！
厚，小動物教師節很重要耶！
那我們要做什麼？
嘿！我接
哇
接得好！
畫卡片好像很不錯！
好主意！
要送小禮物嗎？
呵，我敢賭我們班送的禮物一定比較厲害。
小藍
喂
什麼意思？
我們獺獺老師收到禮物一定也會很高興的啦！
對呀對呀！
不然來比賽呀！
看誰的禮物比較厲害！
好啊！
誰怕誰！
?!

我接
哇
要比賽我沒意見！
重點是送什麼老師才會開心？
好問題。
去坐好！
羊羊老師的喜好是什麼呢？
翻開課本。
唔
獴獴老師喜歡什麼？
……
……
……
怎麼辦！
這樣就沒辦法準備禮物了。
不行！
我們剛剛都說要比賽了耶——
我們一點都不了解自己的老師耶！
這樣好了，我們去請教其他老師，
校長、主任他們也許會知道些什麼。
哦，似乎是個好主意！
我們分頭去問！
好！

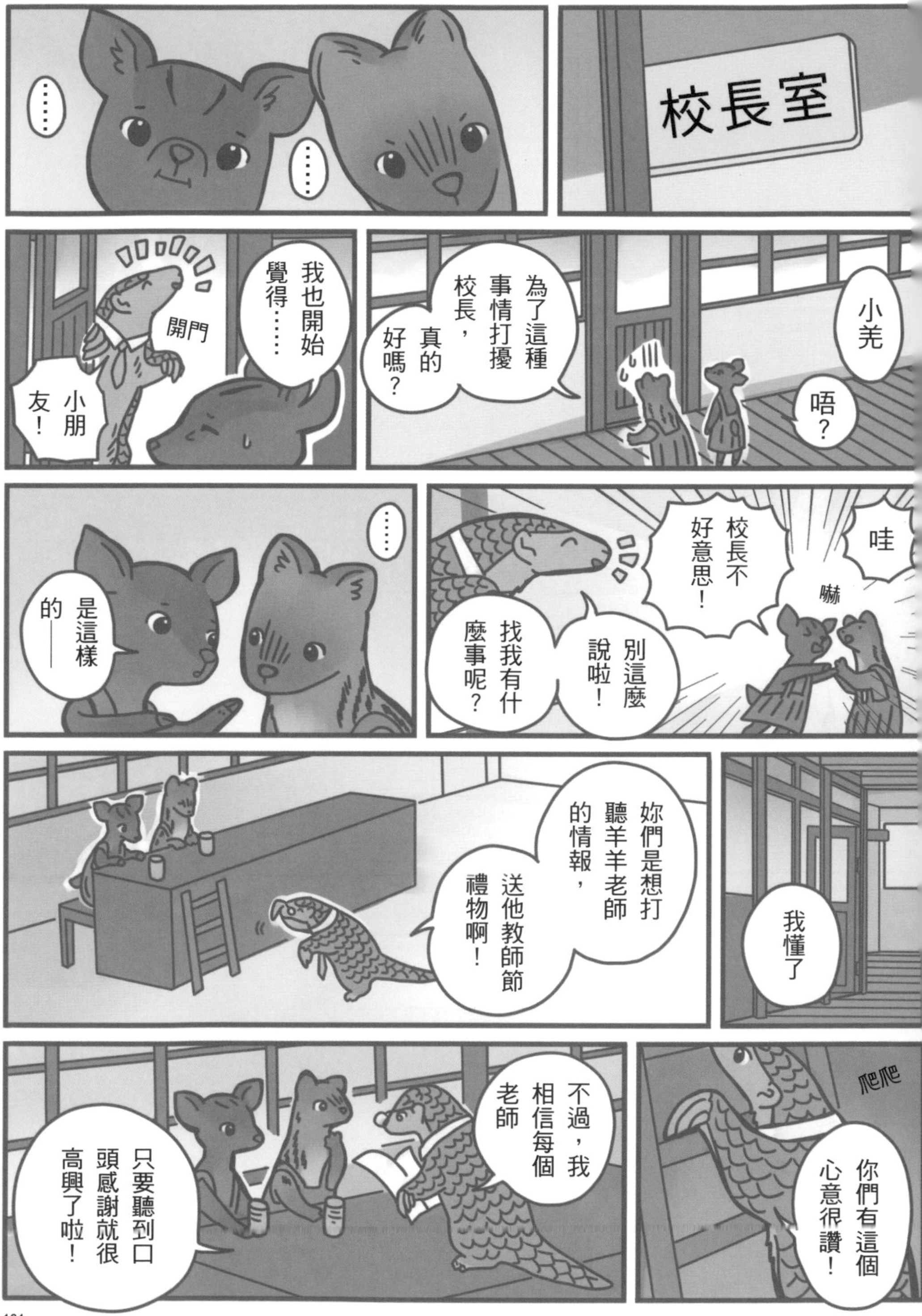
校長室
……
……
小羌
唔？
為了這種事情打擾校長，真的好嗎？
我也開始覺得……
開門
小朋友！
哇
嚇
校長不好意思！
別這麼說啦！
找我有什麼事呢？
……
是這樣的——
我懂了
妳們是想打聽羊羊老師的情報，送他教師節禮物啊！
爬爬
你們有這個心意很讚！
不過，我相信每個老師
只要聽到口頭感謝就很高興了啦！

唔？口頭感謝就夠了嗎？
是呀！
咦
不然你們也可以講個笑話給老師聽呀！
我想到一個了！
哎
小香可以說這個！
窸窸
窣窣
？
噗
咳咳
很好笑吧！
太好了！請說給羊羊老師笑笑。
嗯，好笑。
？？
警衛伯伯？
警衛伯伯在嗎？
他是不是出去巡邏了？
你們找我嗎？
欸？
……
你們看起來很可疑喔！
欸，沒有啦
警衛伯伯
大卷尾

我們是學生喔！
喔
原來是學生啊。
我們想問伯伯，你認識獴獴老師嗎？
蛤？獴獴先生怎麼了嗎？
難道他做了可疑的事？
不是啦！
嗯？
是這樣的……
鳳頭蒼鷹，你還敢來啊！
欸？
卷哥，冤枉啊！
咦
我只是路過而已！
呃
警衛伯伯好像很忙！
站住！
嗯
我看還是不要打擾他好了。
叩
叩
請問，
我們有問題想請教……

這個標案沒有廠商來投標。
？
唧
不好意思！
總務主任
錢鼠
啊！總務主任你好！
唧
什麼事？
那個
……
被忽略了！
撇頭
唧唧，採購案都審不完了！
還有小朋友來看熱鬧。
到底是誰覺得讓錢鼠當總務會發大財的？！
崩潰
唧唧唧
你們也來這裡呀？
獺獺？
欸
你們加油啦！
我們要找兔兔主任聊天——
嗯？
你們問我獺獺老師的情報？
輔導主任
臺灣野兔

嘿嘿，你們別看獺獺現在呆萌的樣子，他以前的形象可不是這樣的。
咦？
聽說獺獺老師年輕時當過兩棲部隊！
水陸不敗兩棲蛙獺
哇嗚——
你知道他有多勇猛硬派嗎？
他可是找到溪蟹直接生吞活剝的那種！
咦
撿到蝸牛就拿去敲石頭！
很精明吧？
是不是光想就覺得很帥！
呵、呵呵，好難想像——
我知道了，不如送老師螃蟹和蝸牛吧！
哦！
是個好主意耶！就這麼辦吧！
猴吉，大家都跑走了，
只剩我們還沒找到人啦！

我們要加緊腳步才行。
不要急嘛，
我已經想好要去哪裡了，
學校後面的混合林庭園！
為什麼？
嘿嘿，像現在這種起霧的早晨，
有一位主任常會出來散步！
他就是「迷霧的王者」——
黑長尾雉主任！
哇，真的耶！
教務主任
黑長尾雉
啊
被發現了嗎？
原來你們想送老師禮物啊？真有心呢！
羊羊老師的喜好是什麼來著……

沒記錯的話，
羊羊喜歡在峭壁上行走，或許可以送釘鞋？
可是，老師的腳腳已經自帶釘鞋了，哈哈！
哎呀。
不然送零食如何？
羊羊會在峭壁舔舐鹽巴，
他也喜歡山黃麻和咬人貓！
好像不錯耶！
鹽分搭配野菜，就變豪華禮盒了。
不是豪華便當嗎？
總之，我們把這個情報告訴同學吧！
啊對
話說回來，為什麼主任喜歡在起霧的時候散步呢？
這個嘛
我在做森林浴，吸收芬多精啦。
咦——這樣啊。

大家知道要送什麼禮物了嗎？
沒有
知道了！
說來聽聽。
送老師螃蟹和蝸牛！
講、講笑話。
採集野菜和鹽巴送老師！
原來大家都要送吃的呀。
……
等等，講笑話是誰說的？
希望老師們會很開心
我們約週末去採集吧！
週末我可以！
那就這樣吧！
耶——

老師！
老師在哪裡？
咦？
學生在叫我們嗎？

老師早！
終於堵到兩位老師了。
！？
你們在說什——
搭達——
祝老師教師節快樂！
欸？
這是——
哇，
太成功了啦！
你怎麼知道我喜歡這個？
老師老師，你聽我說！
麝香貓的尾巴有的八節、有的九節，但是俗名卻叫我九節貓，
你們知道為什麼嗎？
？
為什麼？

因為「巴結」不好，所以不能叫做八節貓。
好喔。
……
小香
這很冷耶！
到底為什麼要講笑話？
這……
噗哧——
？
哈哈
我的學生真的很可愛！
擁抱
老師！
真高興有這個緣分跟你們相遇。
嘿嘿
咦？
原來校長的方法真的能讓老師開心呀！
今年教師節，你也向老師表達感謝了嗎？

食蟹獴

Herpestes urva

俗 棕簑貓。

特 吻部長、體型修長。毛粗又蓬、呈灰褐色，脖子兩側有白色鬃毛。指間略有蹼。

食 食物多元，螃蟹、魚類、小型哺乳類、兩棲爬蟲類、昆蟲等等都會吃喔。

棲 中、低海拔水域附近的溪流和森林。休息時則會待在樹洞或是岩穴中。

習 日行性，但清晨和傍晚較常見。大多時候單獨活動，會在溪邊覓食，擅長游泳潛水。

體

體長	36 - 47cm
尾長	16 - 28cm
體重	1.8 - 3.2kg

分

綱	哺乳綱
目	食肉目
科	獴科

玉子的悄悄話

小動物的趣味秘密

1

黑長尾雉過去被稱為帝雉，大多時候都獨來獨往，喜歡在晨昏的迷霧森林裡散步。

2

錢鼠和水鼩是不是很像呢？兩者都屬於鼩形目的大家庭。不過，錢鼠的耳朵比較大，還是臺灣體型最大的鼩鼱唷！

3

大卷尾是農村田野的小霸王，就連大、小猛禽都不敢招惹他呢！

創作小學園的
幕後花絮
耶比！畫了這麼久，
我自己創作的第一本書終於誕生啦！
趴達
臺灣的野生動物很可愛，
我想表現出他們的獨特魅力！
人類大多知道獅子和大象，可是就不一定認識我們哈。
我們這麼可愛，怎麼沒有人認識呢？
對耶
真的好可惜，我一定要畫出你們的日常！
你要畫是很好啦——
？
但是
你的野外觀察足夠嗎？
咦！
沒有的話，人類有足夠的文獻補充嗎？
而且，這些真的足以代表我們的日常嗎？
呃……

其實小動物的日常，果然還是只有你們自己知道。
我只能靠一分證據說一分話。
諸如你們的飲食和養小孩的方式，都需要很多研究和調查來累積。
沒有這些資訊，我也真的沒戲唱。
對了，我想問一件事！
嗯？
讓我們當同學……
真的好嗎？
咦？
怎麼了嗎？
你看，我們都是夜行性動物，
隔壁班的黃魚鴞同學也是。
但其他同學是日行性，
我們同時出現不會怪怪的嗎？
這個嘛，
其實我也考慮過日間班和夜間班的呈現方式，
可是我發現，
有些小動物的作息似乎不是很絕對——
甚至還有晨昏活動的傢伙！
好麻煩呀！

想到這裡，我就不分日夜班了。
哦！
那為什麼我們班級沒有分年級？
蛤？
小學都會寫一年甲班、二年乙班之類的呀。
一年甲班
乙班
可是我們只有甲班、乙班耶！
噗哧
因為你們長大所需的時間都不一樣呀！
你們上小學的首要設定就是你們都是小朋友。
假設「性成熟」就是長大了，有些同學要五年，有些卻不用一年呀！
難怪沒有寫幾年級！
神奇的考量。
只能說，要把你們擬人化，
同時保留真實特質，簡直太困難了！
我在創作的時候，
欸——
時時刻刻都在思考這條線的拿捏呢。
除了這些，你還有遇到其他困難嗎？
會很辛苦嗎？

困難和辛苦嗎？
查資料、想劇本、畫分鏡、描線、上色……
做這些的確很費心費力。
但是——
能夠創造一個美好的世界，讓小動物幸福的生活，
並且和更多人們分享，我真的很開心！
我很感謝大家讓我自由創作。
謝謝我的工作夥伴，
當然，還有我親愛的讀者們。
感謝你讀到這裡，讓我們一起守護這些可愛的臺灣小動物吧！

下回預告!!

各位聽好了！
我將你們視為優秀的學生！
一直以來，我們班的成績都是最棒的！
但是老師我不想滿足於現況！
學校在不久的將來，會舉辦一場比賽！
比賽項目非常多元，考驗著你們的各種技能。
我很看好你們！
不拿幾面金牌就太可惜了！

交給我們吧！
沒問題的，
加油！
我們會贏的。
小學園即將舉辦某個比賽——
到底是誰想拿第一名？！

噢！原來如此 有趣的臺灣動物小學園 1. 開學季

作　者 玉子
責任編輯 王斯韻
美術設計 Bianco Tsai
內頁排版 ayen0024@gmail.com
行銷企劃 洪雅珊

發行人 何飛鵬
總經理 李淑霞
社　長 張淑真
總編輯 許貝羚
副總編 王斯韻

出 版 城邦文化事業股份有限公司 麥浩斯出版
地 址 104 台北市民生東路二段 141 號 8 樓
電 話 02-2500-7578
發 行 英屬蓋曼群島商家庭傳媒股份有限公司城邦分公司
地 址 104 台北市民生東路二段 141 號 2 樓
讀者服務電話 0800-020-299（9：30 AM ～ 12：00 PM；01：30 PM ～ 05：00 PM）
讀者服務傳真 02-2517-0999
讀者服務信箱 E-mail：csc@cite.com.tw
劃撥帳號 19833516

戶 名 英屬蓋曼群島商家庭傳媒股份有限公司城邦分公司
香港發行 城邦〈香港〉出版集團有限公司
地 址 香港灣仔駱克道 193 號東超商業中心 1 樓
電 話 852-2508-6231
傳 真 852-2578-9337

馬新發行 城邦〈馬新〉出版集團 Cite(M) Sdn. Bhd.(458372U)
地 址 41, Jalan Radin Anum, Bandar Baru Sri Petaling, 57000 Kuala Lumpur, Malaysia
電 話 603-90578822
傳 真 603-90576622

製版印刷 凱林印刷事業股份有限公司
總經銷 聯合發行股份有限公司
地 址 新北市新店區寶橋路 235 巷 6 弄 6 號 2 樓
電 話 02-2917-8022
傳 真 02-2915-6275
版 次 初版一刷 2021 年 11 月
定 價 新台幣 520 元 港幣 173 元

Printed in Taiwan

國家圖書館出版品預行編目 (CIP) 資料

噢！原來如此 有趣的臺灣動物小學園 1. 開學季 / 玉子著 . -- 初版 . -- 臺北市 : 城邦文化事業股份有限公司麥浩斯出版 : 英屬蓋曼群島商家庭傳媒股份有限公司城邦分公司發行 , 2021.11

面； 公分

ISBN 978-986-408-722-8(平裝)

1. 動物 2. 漫畫 3. 臺灣

385.33 110012148

是非題

（✕）❶水鼩是一種老鼠。

✓

很棒！沒有被騙！

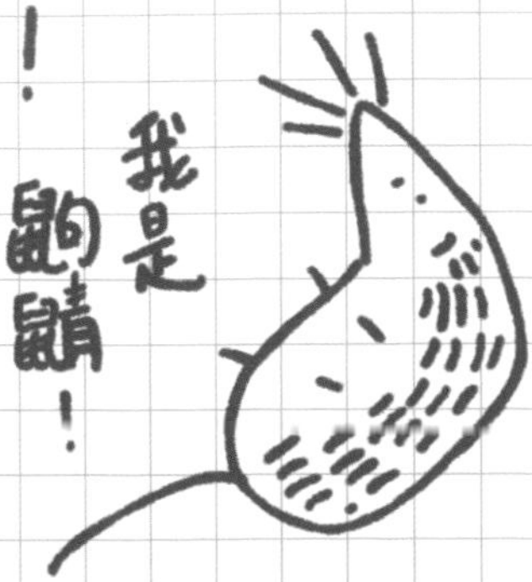

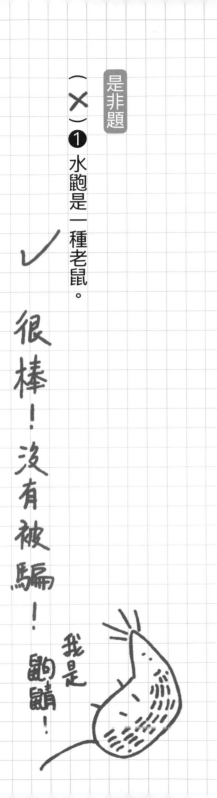

是非題

（○）❷ 麝香貓只吃素。

×

小香上次有分享便當菜色，
仔細回想看看～

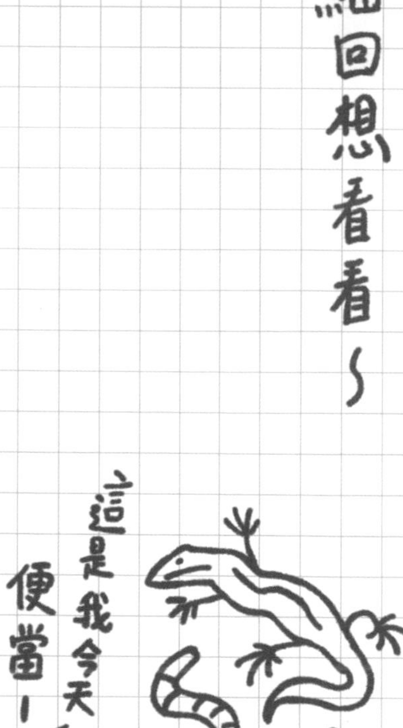

是非題

（O）❸臺灣藍鵲的小孩由父母獨自撫養。

X 哥哥姐姐也會幫忙呢！

是非題

（O）❹ 公翠鳥為了追求女孩子，會送小魚當禮物。

填空題

① 臺灣原生的牛科動物是（臺灣野山羊）。

填空題

② 山裡的小鳥從高海拔飛到山下過冬的行為叫做（ 忘記了 ）。

×

是降遷哦！

填空題

③羊羊老師很喜歡吃山黃麻，所以山黃麻又叫做（山羊麻）。

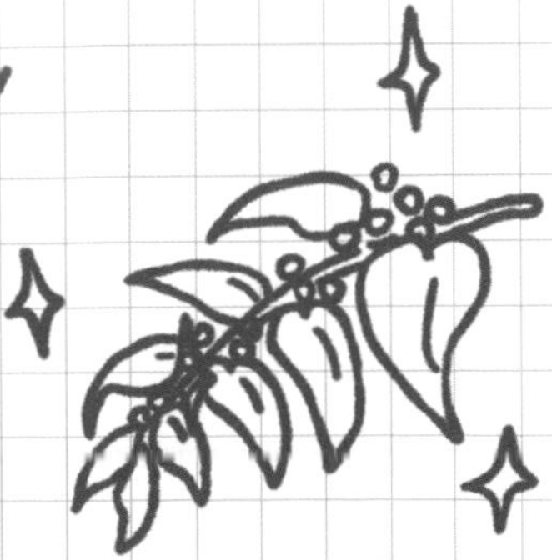

填空題

④ 臺灣原生的靈長類動物是（臺灣ㄇㄧˊ猴）。

✓

獼ㄇㄧˊ